초능력 쌤과

비주얼씽킹 동영상으로 과학 개념을 쉽게! 빠르게!

현직 초등학교 선생님이 직접 설명해 줘요.

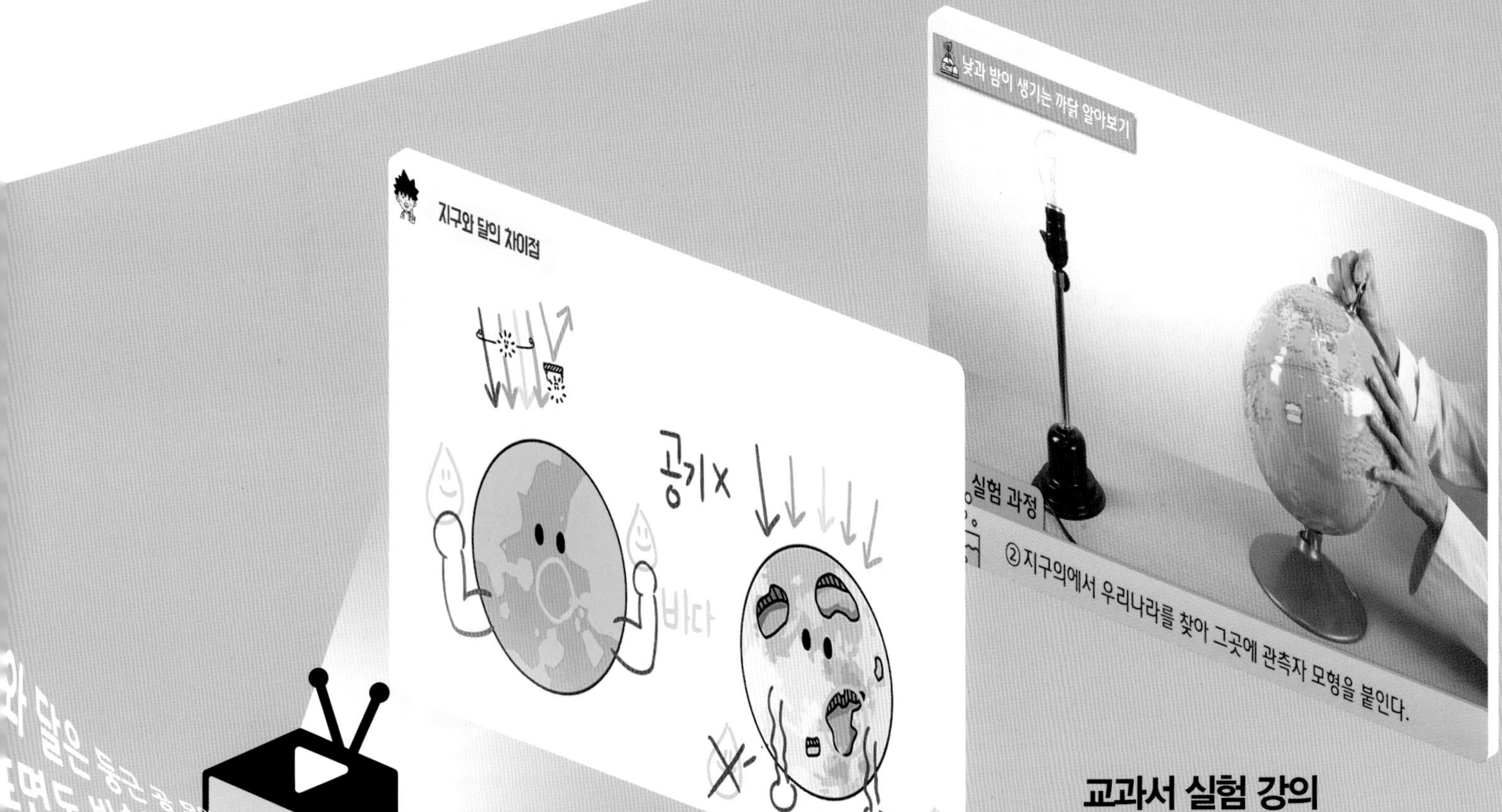

교과서 실험 강의

개념을 쉽게 이해했다면 교과서 실험 동영상으로 개념을 확장하고 실생활에 적용해 볼 수 있습니다. 과학 실험 동영상으로 초등 과학 개념을 확실하게 정리하세요.

비주얼씽킹 개념 강의

글만으로는 이해하기 어려운 과학 개념! 손으로 쓱! 쓱! 그려서 그림으로 설명하면 과학 개념이 더이상 어렵지 않습니다. 비주얼씽킹 과학 동영상 강의로 과학 개념을 쉽게 이해하고 그림으로 생각하는 힘을 키우세요.

초능력⁺쌤과 키우자, 공부힘!

국어 독해

예비 초등~6학년(전 7권)

- 30개의 지문을 글의 종류와 구조에 따라 분석
- 지문 내용과 관련된 어휘와 배경지식도 탄탄하게 정리

수학 연산

1학년~6학년(전 12권)

- 학년, 학기별 중요 연산 단원 집중 강화 학습
- 원리 강의를 통해 문제 풀이에 바로 적용

맞춤법+받아쓰기

1학년~2학년(전 4권)

- 맞춤법의 원리를 쉽고 빠르게 학습
- 단계별 받아쓰기 연습과 교과서 어휘 학습으로 실력 완성

구구단 / 시계·달력 / 분수

1학년~5학년(전 3권)

- 초등 수학 핵심 영역을 한 권으로 효율적으로 학습
- 개념 강의를 통해 원리부터 이해

비주얼씽킹 초등 한국사 / 과학

1학년~6학년(각 3권)

- 비주얼씽킹으로 쉽게 이해하는 한국사
- 과학 개념을 재미있게 그림으로 설명

급수 한자

8급, 7급, 6급(전 3권)

- 급수 한자 8급, 7급, 6급 기출문제 완벽 분석
- 혼자서도 한자능력검정시험 완벽 대비

초능력
비주얼씽킹 과학

3권

초등**5~6**학년

비주얼씽킹 과학을 시작하는 여러분께

여러분, 안녕하세요?

이 책은 비주얼씽킹(Visual Thinking)이라는 공부 방법을 바탕으로 만들었어요. 영어로 쓰여 있으니 뭔가 대단한 것처럼 생각되지만 사실은 아주 간단한 공부 방법이에요.

글과 그림을 함께 활용하는 **비주얼씽킹 학습법**은 바로 **그림으로 생각하는 힘**을 키우는 공부 방법이에요.

이 책은 그림을 좋아하는 초등학교 선생님들이 어려운 과학 내용을 여러분들이 쉽고 재미있게 이해할 수 있도록 글과 그림으로 표현하여 만들었어요. 스마트폰으로 QR코드를 찍어서 책에 나오는 그림으로 만든 동영상 강의를 함께 보면 책의 내용을 이해하는 데 훨씬 좋을 거예요.

이 책을 만드신 쌤들!

김차명 선생님
(경기도 교육청)

이인지 선생님
(서울 지향초)

강윤민 선생님
(서울 수명초)

김두섭 선생님
(서울 개봉초)

김보미 선생님
(경남 곤양초)

김지원 선생님
(서울 용마초)

변준석 선생님
(부산 송수초)

송가람 선생님
(경남 호암초)

정다운 선생님
(인천 석천초)

조하나 선생님
(청주 새터초)

최유라 선생님
(충북 청원초)

최지현 선생님
(여수 여천초)

최희준 선생님
(서울 숭인초)

하지수 선생님
(경기 배곧초)

그럼, 비주얼씽킹은 어떻게 공부하는 것인지 살펴볼까요?

'화산의 종류에는 지금도 활동하고 있는 활화산, 지금은 활동을 멈추고 있는 휴화산, 완전히 활동을 멈춰 버린 사화산이 있다.'라는 과학 내용이 있어요.

이 내용을 그림으로 나타내 볼까요?

어때요? 지금도 활발하게 용암을 뿜어내고 있는 활화산, 활동을 잠시 멈추고 쉬고 있는 휴화산, 완전히 활동을 멈춰버린 사화산을 간단한 그림과 표정을 사용하였는데 그림으로 보니 훨씬 이해가 잘 되네요.

글은 논리적이고 체계적이에요. 그리고 그림은 직관적이고요. 이해하기 어려운 내용을 그림과 함께 봤을 때 '아!' 하며 이해되었던 경험이 있을 거예요. 그게 바로 직관이에요.

다음 그림도 볼까요?

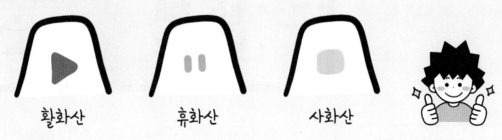

와! 이렇게 표현할 수도 있네요. 플레이어에서 봤던 '재생(▶)', '일시 정지(II)', '멈춤(■)' 버튼을 활화산, 휴화산, 사화산과 연결하여 그렸어요. 굉장히 창의적이죠? 비주얼씽킹에서 그리는 그림들은 누구나 그릴 수 있는 수준의 그림으로 그리면 돼요. 마치 낙서 같은 그림이지만 내용을 이해하는 데 도움이 된답니다.

쉽고 재미있게 과학을 이해할 수 있는 '비주얼씽킹 과학'

이제 함께 시작해 볼까요?

비주얼씽킹 과학 개념

재미있는 과학 개념을 비주얼씽킹 그림을 보면서 읽다 보면 개념이 쏙! 쏙!
교과서 관련 단원이 있어 필요한 단원을 쉽게 찾을 수 있어요.

관련 단원

주제에 해당하는 과학 교과서
단원을 쉽게 확인할 수 있어요.

참쌤이 들려주는 과학 이야기

참쌤이 들려주는 과학 이야기로
과학 상식을 키울 수 있어요.
멋진 사진과 함께 읽는 재미가
쏠~ 쏠~

개념 강의 QR코드

선생님이 직접 그리면서 설명해 주시는
동영상 강의.
책 속의 그림들로 설명해 주시니
더 재미있어요.

초등 과학 핵심 개념을 글로 읽고
그림으로 쉽게 기억할 수 있어요.

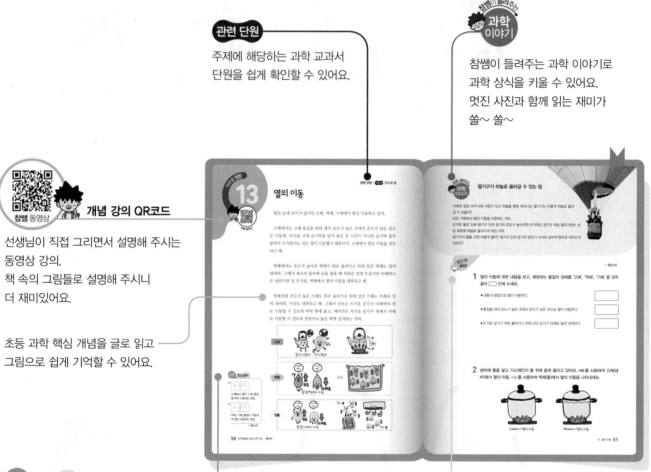

도전! 초성 용어

어려운 용어는 초성 용어로 써 보며
바로바로 이해할 수 있어요.

확인해 봐요!

배운 개념을 잊지 않도록
개념 문제와 비주얼씽킹
문제를 풀어요.
학교 수행평가 대비까지
한 번에 OK!

둘! 교과서 쏙 개념

재미있게 배운 개념과 관련된
교과서 단원 개념을 정리해요.
QR코드로 교과서 실험 동영상도
확인할 수 있어요.

Speed O×

잠깐! 오늘 공부한 핵심 내용을
O, × 퀴즈로 확인해요.

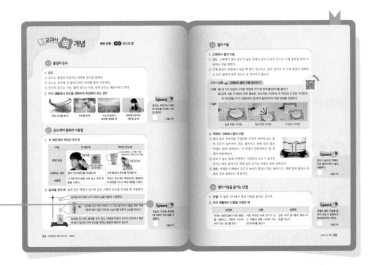

셋! 교과서 확인 문제

교과서 확인 문제를 풀면서
단원의 중요 개념을 정리하면
그 단원의 내용을 확실하게
이해할 수 있어요.

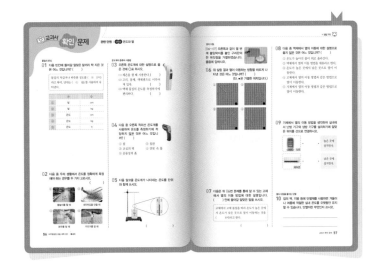

넷! 과학 탐구 토론

과학 기술 발달에 대한 주제별 토론
학습을 해요.
나의 의견을 써 보면서 과학 기술
발달에 따른 좋은 점과 문제점도
생각해 보세요.

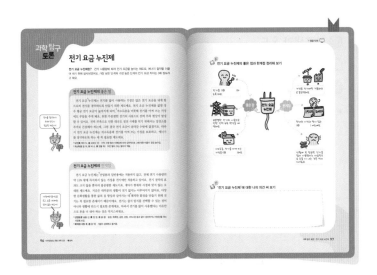

차례

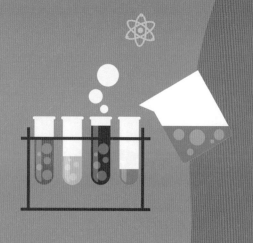

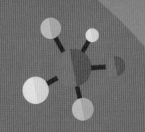

물질

용해와 용액

액체인 물에 고체인 설탕을 넣으면 물에 설탕이 골고루 섞이는 것을 '녹는다.'라고 하는데 이것을 '용해'라고 해. 설탕과 같이 녹는 물질을 '용질', 물과 같이 용질을 녹이는 물질을 '용매'라고 하고, 용질과 용매가 섞여 있는 것을 '용액'이라고 한단다.

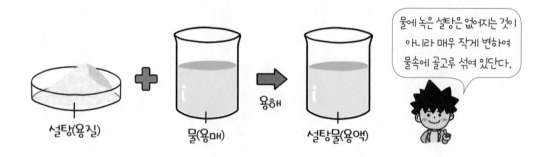

물에 녹은 설탕은 없어지는 것이 아니라 매우 작게 변하여 물속에 골고루 섞여 있단다.

용질인 소금, 설탕 등이 용매인 물에 녹는 정도는 물의 양과 온도에 따라 달라져. 용매의 양이 많을수록 용질이 많이 녹고, 용매의 온도가 높을수록 용질이 많이 녹아.

용매(물)의 양이 많을수록 용질(소금)이 많이 녹는다.

도전! **초성 용어**

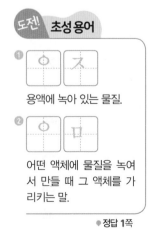

❶
ㅇ	ㅈ

용액에 녹아 있는 물질.

❷
ㅇ	ㅁ

어떤 액체에 물질을 녹여서 만들 때 그 액체를 가리키는 말.

● 정답 1쪽

용매(물)의 온도가 높을수록 용질(소금)이 많이 녹는다.

사람이 저절로 물에 뜨는 호수, 사해

수영을 하지 않고 가만히 있어도 사람이 물에 뜨는 사해라는 호수가 있어. 사해(Dead Sea)라는 이름 때문에 바다라고 생각하기 쉽지만, 사해는 바다가 아닌 염호(소금물 호수)야. 사해의 평균 염분은 일반 바닷물 평균 염분의 6배가 넘어서 생물이 살 수 없기 때문에 사해라는 이름이 되었어.

사해에는 용질인 소금이 많이 들어 있어 위로 뜨려는 힘인 부력이 크기 때문에 수영을 못하는 사람도 쉽게 물에 뜰 수 있단다.

●정답 1쪽

1 '용질'에 대한 설명에는 ✏ 빨간색, '용매'에 대한 설명에는 ✏ 노란색, '용액'에 대한 설명에는 ✏ 파란색으로 각각의 ⬜ 안을 색칠하세요.

■ 용액에 녹아 있는 물질이다. ⬜

■ 어떤 액체에 물질을 녹일 때 그 액체를 가리킨다. ⬜

■ 두 가지 이상의 물질이 균일하게 섞여 있는 액체이다. ⬜

2 페트리 접시와 비커에 용질과 용매를 그려 넣어 용액을 만들고, 용해의 과정을 쓰세요.

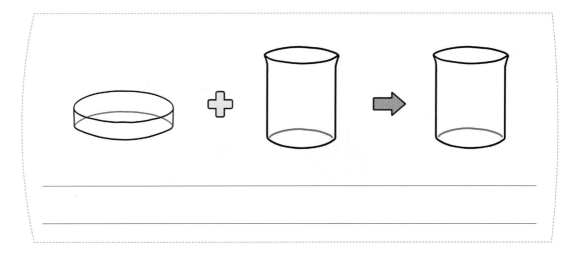

여러 가지 지시약

지시약은 어떤 용액을 만났을 때 그 용액의 성질에 따라 눈에 띄는 변화가 나타나는 물질이야. 리트머스 종이는 붉은색 리트머스 종이와 푸른색 리트머스 종이가 있어. 붉은색 리트머스 종이에 염기성 용액을 떨어뜨리면 푸른색으로 변하고, 푸른색 리트머스 종이에 산성 용액을 떨어뜨리면 붉은색으로 변해.

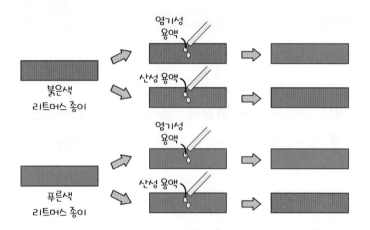

리트머스 종이는 리트머스라는 이끼에서 얻어낸 색소로 만들어.

페놀프탈레인 용액을 산성 용액에 떨어뜨리면 색깔이 나타나지 않지만, 염기성 용액에 떨어뜨리면 페놀프탈레인 용액이 붉은색으로 변해서 염기성 용액과 염기성이 아닌 용액을 구분할 수 있어.

지시약을 직접 만들어서 사용할 수도 있어. 잘게 자른 자주색 양배추에 물을 넣고 가열한 후 그 용액을 식히면 자주색 양배추 지시약이 돼. 자주색 양배추에 들어 있는 물질이 용액의 성질에 따라 서로 다른 색깔을 내기 때문에 자주색 양배추 지시약을 여러 가지 용액에 떨어뜨리면 산성 용액에서는 붉은색 계열로, 염기성 용액에서는 푸른색이나 노란색 계열로 색깔이 변한단다.

도전! **초성용어**

어떤 액체가 산성인지 염기성인지를 알아보기 위해 사용하는 약품.

페놀프탈레인 용액을 붉은색으로 변하게 만드는 용액의 성질.

● 정답 1쪽

장미꽃, 검은콩, 가지, 포도 등으로도 만들 수 있어요.

자주색 양배추

자주색 양배추 지시약

참쌤이 들려주는

과학 이야기

카레로 만드는 지시약

카레를 지시약으로 사용할 수 있어. 카레에 들어 있는 대표 성분인 강황은 염기성
용액에만 반응하기 때문에 카레 가루로 만든 카레 지시약은 염기성 용액에서만
붉은색으로 변해.
카레 지시약은 카레 가루를 알코올이 들어 있는 비커에 넣은 후, 길게
자른 거름종이를 카레 가루를 녹인 알코올에 넣어서 만들어.
거름종이에 카레 가루를 녹인 알코올이 잘 스며든 뒤 건져 내어
말리면 지시약의 역할을 하는 카레 시험지가 완성돼.

확인해
봐요!

● 정답 1쪽

1 산성 용액과 염기성 용액을 붉은색 리트머스 종이와 푸른색 리트머스 종이에 각각 떨어뜨렸을 때의 결과를 (　) 안에 써 넣어 문장을 완성하세요.

- ▨ : (　　　　　　　　)을 떨어뜨리면 (　　　　　　　　)색으로 변한다.
  붉은색 리트머스 종이

- ▨ : (　　　　　　　　)을 떨어뜨리면 (　　　　　　　　)색으로 변한다.
  푸른색 리트머스 종이

2 산성 용액과 염기성 용액이 담긴 비커에 페놀프탈레인 용액을 각각 몇 방울씩 떨어뜨렸을 때 비커 안의 변화를 그리세요.

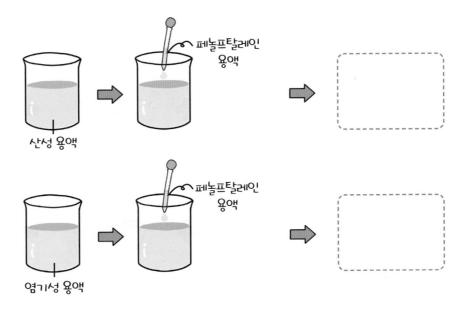

03

관련 단원 | 5학년 산과 염기

산성과 염기성

용액은 성질에 따라 산성과 염기성으로 분류할 수 있는데 이때 pH라는 수치를 사용해. 산성의 '산'이란 물에 녹았을 때 pH가 7.0보다 낮은 물질을 말해. 식초, 레몬즙과 같이 산성을 띠는 음식은 대부분 신맛을 내. 산성 용액에 달걀 껍데기나 대리석 조각을 넣으면 기포가 발생하면서 녹아.

으악~ 셔~!

산성 용액 + 달걀 껍데기 → 기포

산성 용액 + 대리석 조각 → 기포

염기성의 '염기'란 물에 녹았을 때 pH가 7.0보다 높은 물질을 말해. 염기성을 띠는 물질은 대부분 쓴맛이 나고 피부에 닿으면 미끌미끌해. 염기성 용액에 두부나 삶은 달걀 흰자를 넣으면 흐물흐물해지고 시간이 지나면 뿌옇게 흐려져.

미끄러워.

도전! 초성 용어

① ㅅ ㅅ
산의 성질. 수용액에서 pH가 7보다 작을 때의 성질.

② ㅇ ㄱ ㅅ
염기의 성질. 수용액에서 pH가 7보다 클 때의 성질.

● 정답 1쪽

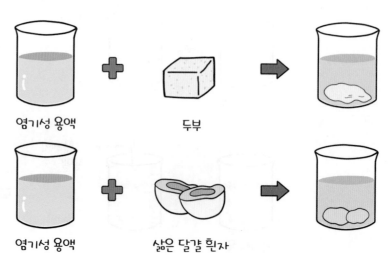

염기성 용액 + 두부 →

염기성 용액 + 삶은 달걀 흰자 →

과학 이야기

참쌤이 들려주는

입속 pH를 조절하는 치약

사람의 입속 pH는 7.0~7.5를 유지하지만 여러 가지 음식물을 먹으면 입안의 세균들이 당분을 산으로 분해시켜 결국 입속은 산성이 된단다. 충치를 일으키는 세균들은 산성을 띠는 환경에서 기능이 활발해지기 때문에 입 냄새가 심해지고 충치가 발생하는 거야.

치약은 약염기성 물질이기 때문에 음식을 먹은 후 양치질을 하면 산성과 염기성이 만나 성질이 약해지는 중화가 일어나면서 입속 pH가 다시 7.0이 되고 세균을 없앨 수 있어.

그러니까 양치질을 잘 해야겠지?

확인해 봐요!

● 정답 1쪽

1 산성에 대해 옳게 말한 친구의 이름을 ⬭ 안에 쓰세요.

소라: 산성을 띠는 음식은 대부분 쓴맛이 나.

민정: 산성 용액에 달걀 껍데기를 넣으면 기포가 발생해.

진혁: 피부에 닿으면 미끌미끌해.

2 염기성 물질을 손가락에 발랐을 때와 두부에 뿌렸을 때 발생하는 상황을 ⬭ 안에 그리세요.

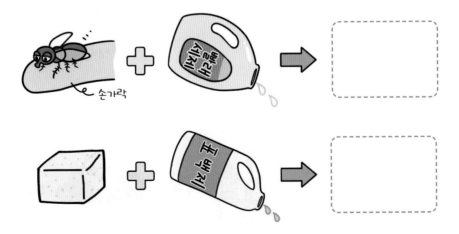

손가락

비주얼 씽킹

04

햄쌤 동영상

산성비

공장, 발전소, 가정 등에서 석탄·석유 등을 사용할 때 나오는 물질과 자동차의 배기가스는 대기 중에 모이고 쌓여. 이 물질들이 대기의 수증기와 만나면 강한 산성을 띠는 황산이나 질산이 돼. 이 황산이나 질산이 비나 눈 등에 흡수되어 산성비가 되는 거야.

자동차 배기가스, 공장의 매연   비, 눈   산성비

대리석이나 석회석으로 만들어진 건축물은 산성 물질이 포함된 산성비를 맞으면 쉽게 녹을 수 있어. 강이나 호수에 산성비가 많이 내려 물이 산성으로 변하면 플랑크톤과 물고기가 살기 힘들어진단다. 농작물이 잘 자라는 논과 밭에 산성비가 내리면 곡식이나 채소도 많은 피해를 입게 돼.

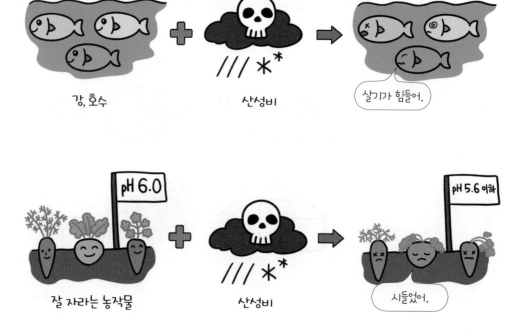

강, 호수   산성비   살기가 힘들어.

잘 자라는 농작물   산성비   시들었어.

도전! **초성용어**

① ㅅ ㅅ ㅂ

pH 5.6 이하로 산성을 강하게 포함하는 비.

② ㅎ ㅅ

강한 산성을 띠어 금과 백금을 제외한 대부분의 금속을 녹임.

●정답 2쪽

과학이야기 참쌤이 들려주는

머리카락과 산성비

산성비를 맞으면 머리카락이 빠진다는 얘기가 있어. 하지만 산성비를 맞는다고 머리카락이 많이 빠지지는 않아.

우리나라 빗물의 평균 pH는 4.5~5.6인데 머리에 직접 사용하는 샴푸는 pH가 3.0이야. 샴푸가 산성비보다 pH가 낮다는 것은 샴푸가 산성비보다 산성이 강하다는 뜻이야. 산성비보다 산성이 강한 샴푸를 사용해도 머리카락은 괜찮으니 산성비는 머리카락이 빠지는 것에 영향을 별로 주지 않는다는 것을 알 수 있어.

확인해 봐요!

● 정답 2쪽

1 산성비에 대해 옳게 말한 친구의 ☐ 안에 ∨표 하세요.

쌤 TALK

희준 : 산성비는 염기성을 띠는 비야. ☐

정후 : 산성비는 자동차에서 배출되는 물질이 섞여서 내려. ☐

다정 : 산성비는 몸에 좋은 물질로만 이루어져 있어. ☐

2 호수와 밭에 산성비가 내렸어요. 각각 어떤 피해가 나타날지 그림을 그리세요.

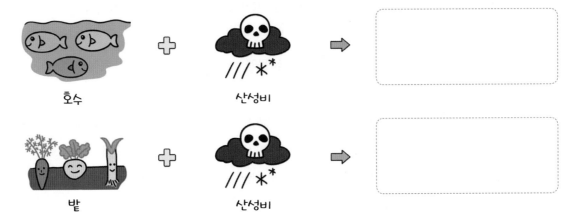

호수 ➕ 산성비 ➡

밭 ➕ 산성비 ➡

01 용해와 용액

1. 용질, 용매, 용해, 용액

용질	다른 물질에 녹는 물질
용매	다른 물질을 녹이는 물질
용해	어떤 물질이 다른 물질에 녹아 골고루 섞이는 현상
용액	용질이 용매에 골고루 섞여 있는 물질

소금
(용질)
＋
물
(용매)
→ 용해 →
소금물
(용액)

2. 용매(물)의 양과 온도에 따라 용질(소금)이 물에 용해되는 양: 용매의 양이 많을수록 용질이 많이 녹으며, 일반적으로 용매의 온도가 높을수록 용질이 많이 녹는다.

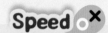
Speed O✕

용매의 양이 많을수록, 용매의 온도가 높을수록 용질이 많이 녹는다.

● 정답 2쪽

02 여러 가지 지시약

1. 지시약
① 지시약: 어떤 용액을 만났을 때에 그 용액의 성질에 따라 눈에 띄는 변화가 나타나는 물질로, 지시약을 이용하여 용액을 산성 용액과 염기성 용액으로 분류할 수 있다.
② 지시약의 종류: 리트머스 종이, 페놀프탈레인 용액, 자주색 양배추 지시약 등

2. 산성 용액과 염기성 용액
① 산성 용액: 식초, 레몬즙, 사이다, 묽은 염산 등
② 염기성 용액: 유리 세정제, 빨랫비누 물, 석회수, 묽은 수산화 나트륨 용액 등

실험 동영상

교과서 실험 🍚 **산성 용액과 염기성 용액의 지시약에 따른 색깔 변화**

과정 ❶ 여러 가지 용액을 푸른색 리트머스 종이와 붉은색 리트머스 종이에 한두 방울씩 떨어뜨린 후 색깔 변화를 관찰한다.
❷ 여러 가지 용액에 페놀프탈레인 용액을 떨어뜨린 후 색깔 변화를 관찰한다.
❸ 여러 가지 용액에 자주색 양배추 지시약을 떨어뜨린 후 색깔 변화를 관찰한다.

결과

구분	산성 용액	염기성 용액
푸른색 리트머스 종이	푸른색 → 붉은색	변화 없다.
붉은색 리트머스 종이	변화 없다.	붉은색 → 푸른색
페놀프탈레인 용액	변화 없다.	붉은색
자주색 양배추 지시약	붉은색 계열	푸른색이나 노란색 계열

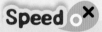
Speed O✕

페놀프탈레인 용액은 산성 용액을 만나면 붉은색으로 변한다.

● 정답 2쪽

03 산성과 염기성

1. 묽은 염산에 여러 가지 물질을 넣었을 때의 변화

달걀 껍데기 + 묽은 염산	대리석 조각 + 묽은 염산

기포가 발생하고, 껍데기가 녹는다.	기포가 발생하고, 대리석 조각이 녹는다.
삶은 달걀 흰자 + 묽은 염산	두부 + 묽은 염산
변화 없다.	변화 없다.

2. 묽은 수산화 나트륨 용액에 여러 가지 물질을 넣었을 때의 변화

달걀 껍데기 + 묽은 수산화 나트륨 용액	대리석 조각 + 묽은 수산화 나트륨 용액
변화 없다.	변화 없다.
삶은 달걀 흰자 + 묽은 수산화 나트륨 용액	두부 + 묽은 수산화 나트륨 용액
흐물흐물해지고, 뿌옇게 흐려진다.	흐물흐물해지고, 뿌옇게 흐려진다.

3. 산성 용액과 염기성 용액의 성질
① 산성 용액(묽은 염산)은 달걀 껍데기와 대리석 조각을 녹이지만 삶은 달걀 흰자와 두부는 녹이지 못한다.
② 염기성 용액(묽은 수산화 나트륨 용액)은 삶은 달걀 흰자와 두부를 녹이지만 달걀 껍데기와 대리석 조각은 녹이지 못한다.

Speed O✕

대리석에 산성 용액을 뿌리면 기포가 발생한다.

⬜

● 정답 2쪽

04 산성비

1. 대리석과 산성비
① 산성 용액은 대리석을 잘 녹이는 성질이 있다.
② 대리석으로 만들어진 다양한 건축물이나 조각상이 쉽게 산성비에 녹아 훼손된다.

2. 서울 원각사지 십층 석탑에 유리 보호 장치를 한 까닭: 대리석으로 만들어진 서울 원각사지 십층 석탑이 산성비에 훼손될 수 있기 때문이다.

Speed O✕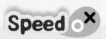

서울 원각사지 십층 석탑은 화강암으로 만들어져 산성비에 훼손될 수 있다.

⬜

● 정답 2쪽

용해와 용액

01 설탕을 물에 녹여 설탕물을 만들었습니다. 이 때 용액, 용질, 용매에 해당하는 것을 바르게 연결하시오.

설탕 •		• 용액
물 •		• 용질
설탕물 •		• 용매

02 오른쪽과 같이 다 녹지 않고 바닥에 가라앉은 소금을 녹이는 방법으로 옳은 것은 어느 것입니까?
( )

소금

① 물을 버린다.
② 물을 더 넣는다.
③ 소금을 더 넣는다.
④ 냉장고에 넣어 둔다.
⑤ 다른 비커로 옮겨 담는다.

03 다음 중 가장 많은 설탕을 용해시킬 수 있는 경우는 어느 것입니까? ( )

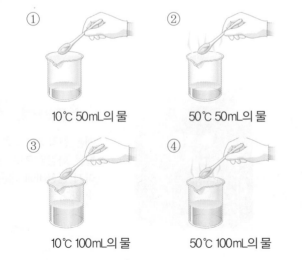

① 10℃ 50mL의 물
② 50℃ 50mL의 물
③ 10℃ 100mL의 물
④ 50℃ 100mL의 물

여러 가지 지시약

04 어떤 용액을 붉은색 리트머스 종이와 푸른색 리트머스 종이에 각각 한두 방울씩 떨어뜨렸을 때 다음과 같은 색깔 변화를 나타냈습니다. 어떤 용액을 떨어뜨렸을 때 나타난 결과인지 골라 기호를 쓰시오.

붉은색 리트머스 종이 ➡ 푸른색으로 변한다.

푸른색 리트머스 종이 ➡ 변화 없다.

| ㉠ 식초 | ㉡ 레몬즙 |
| ㉢ 묽은 염산 | ㉣ 유리 세정제 |

( )

05 묽은 수산화 나트륨 용액에 대한 설명으로 옳은 것에 ○표, 옳지 않은 것에 ✕표 하시오.

(1) 산성 용액이다. ( )
(2) 페놀프탈레인 용액을 떨어뜨리면 붉은색으로 변한다. ( )
(3) 푸른색 리트머스 종이에 떨어뜨리면 붉은색으로 변한다. ( )
(4) 자주색 양배추 지시약을 떨어뜨리면 푸른색이나 노란색 계열로 변한다. ( )

06 다음은 여러 가지 용액에 자주색 양배추 지시약을 떨어뜨렸을 때의 결과입니다. 용액의 성질에 맞게 분류하여 기호를 쓰시오.

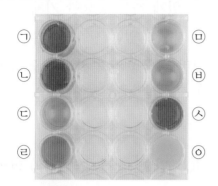

산성 용액	염기성 용액
(1)	(2)

산성과 염기성

07 다음과 같은 성질을 가진 용액에 대리석 조각을 넣었을 때의 결과로 옳은 것은 어느 것입니까? ( )

> • 페놀프탈레인 용액을 떨어뜨리면 색깔이 변하지 않는다.
> • 자주색 양배추 지시약을 떨어뜨리면 붉은색 계열의 색깔로 변한다.

① 아무 변화가 없다.
② 대리석 조각이 녹는다.
③ 대리석 조각이 커진다.
④ 용액이 푸른색으로 변한다.
⑤ 용액이 붉은색으로 변한다.

08 다음 용액에 두부를 넣었을 때 두부가 흐물흐물해지고, 용액이 뿌옇게 흐려지는 것은 어느 것입니까? ( )

① 식초   ② 사이다
③ 석회수   ④ 레몬즙
⑤ 묽은 염산

09 다음 중 염기성 용액에 대해 옳게 말한 친구의 이름을 쓰시오.

> • 연지: 달걀 껍데기를 녹일 수 있어.
> • 서율: 묽은 수산화 나트륨 용액은 염기성 용액이야.
> • 진우: 푸른색 리트머스 종이를 붉은색으로 변하게 해.

( )

산성비

10 다음과 같이 서울 원각사지 십층 석탑에 유리 보호 장치를 한 까닭은 무엇인지 쓰시오.

비주얼 씽킹 05

첨쌤 동영상

관련 단원 | 6학년 여러 가지 기체

지구에 있는 산소

산소는 지구에 있는 동물들이 호흡할 수 있게 하는 중요한 기체야. 현재 산소는 공기 중 약 21 %를 차지하고 있어. 지구에 있는 산소의 양은 지금까지 늘 일정했을까? 과학자들 중에서도 이런 궁금증을 가진 사람들이 있었어. 그 이유는 아주 오래 전 지구에 살았던 커다란 곤충들 때문이었어.

고생대(약 5억 7000만 년 전부터 2억 4000만 년 전까지의 시대) 화석 중에서 날개 길이가 약 75 cm인 커다란 잠자리와 몸길이가 약 2 m인 전갈이 발견되었지. 과학자들은 현재 크기가 작은 곤충들이 고생대에는 매우 컸던 이유를 산소의 양 때문이라고 생각했어.

우리의 심장은 산소가 포함된 혈액을 온몸으로 보내서 몸 곳곳으로 산소를 전달하는 역할을 해. 곤충은 심장 대신 배에 있는 기문이라는 공기 통로를 통해 산소가 온몸으로 전달돼. 그래서 곤충은 공기 중에 있는 산소의 양에 직접적인 영향을 받게 되지. 즉, 산소의 양이 적으면 크게 자랄 수 없고, 산소의 양이 많으면 크게 자라는 거야. 현재 살고 있는 곤충으로 실험한 결과, 산소의 양이 많은 곳에서 생활하면 곤충이 더 크게 자라는 것을 알 수 있었어.

도전! 초성용어

① ㅎ ㅅ

아주 옛날의 생물의 뼈나 몸의 흔적이 돌이 되어 남아 있는 것.

② ㅅ ㅈ

혈액을 온몸으로 보내는 사람의 순환 기관.

●정답 3쪽

약 75 cm

기문

사람 몸속에서는 내가 산소를 온몸으로 보내지!

심장

난 기문을 통해 숨 쉬기 때문에 산소의 양이 많으면 훨씬 커질 수 있어!

조상님!

참쌤이 들려주는 **과학 이야기** **우리에게 꼭 필요한 산소**

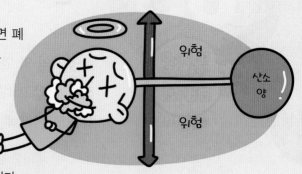

산소는 동물이 호흡하려면 꼭 필요한 물질이지. 하지만 산소가 너무 많으면 폐에 문제가 생기거나, 신경계에 이상이 생길 수 있어. 특히 어린 아이들은 눈에 문제가 생겨서 앞을 볼 수 없게 될 수도 있어. 이렇게 산소가 많아서 발생하는 문제들을 산소 중독이라고 해.

하지만 일반적으로 일어나기 힘든 일이니까 너무 걱정하지 않아도 된단다. 오히려 요즘엔 좁은 곳에서 환기를 시키지 않아 산소가 부족한 환경에 놓이는 것이 문제가 되기도 해. 우리에게는 적당한 양의 산소가 필요하단다.

1 산소에 대해 옳게 말한 친구의 이름을 쓰세요.

산소는 우리에게 필요가 없어.

곰구미

아니야. 산소는 우리가 숨 쉴 때 필요해.

기린이

산소와 이산화 탄소는 같은 물질이야.

귀니

(   )

2 잠자리는 배에 있는 기문을 통해 산소가 온몸으로 전달돼요. 다음 잠자리 그림에서 기문이 있는 배 부분을 그려 잠자리를 완성해 보세요.

비주얼 씽킹

질소와 액체 질소

공기의 약 78 % 정도를 차지하는 질소는 몸에 해롭지 않고 대부분 냄새, 색깔, 맛이 없는 기체 상태로 존재해.

질소는 공기 중에 78 %나 있어.

이산화 탄소 0.03%
아르곤 0.93%
기타 0.04%
산소 21%
질소 78%

색깔 X

냄새 X

맛 X

질소는 냄새와 향기를 보존하여 제품의 신선도를 유지하는 데 도움을 주기 때문에 과자 봉지 충전재로 사용해. 또 생크림을 단단하게 하기 위해 생크림에 넣기도 해.

기체인 질소는 영하 196 ℃ 이하가 되면 액체 상태인 액체 질소가 돼. 식품이 닿으면 순식간에 식품이 얼기 때문에 액체 질소는 급속 냉동해야 하는 아이스크림, 냉동 만두, 냉동 피자 등을 만들 때 사용한단다. 액체 질소는 실온에서는 기체로 변하기 때문에 사용 후 식품에 남아 있지 않아 안전해.

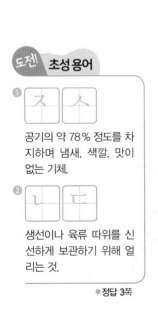

도전! **초성 용어**

①
| ㅈ | ㅅ |
공기의 약 78 % 정도를 차지하며 냄새, 색깔, 맛이 없는 기체.

②
| ㄴ | ㄷ |
생선이나 육류 따위를 신선하게 보관하기 위해 얼리는 것.

● 정답 3쪽

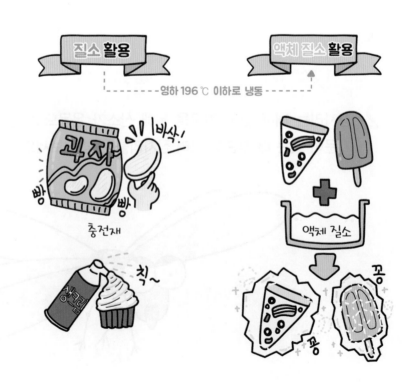

질소 **활용**

액체 질소 **활용**

- - - - - 영하 196 ℃ 이하로 냉동 - - - - -

과자

충전재

생크림

액체 질소

참쌤이 들려주는 과학 이야기

질소로 사람을 치료하는 크라이오 테라피

'크라이오 테라피(cryotherapy)'는 '차가운'이라는 뜻의 그리스어 '크라이오(cryo)'와 치료를 뜻하는 '테라피(therapy)'를 합성한 거야. 영하 110～170 ℃ 정도의 아주 차가운 기계 안에 질소를 넣은 후 2～3분 정도 들어가 있는 치료법이야. 기계 안에서 순간적으로 차가워진 몸이 원래의 체온으로 돌아가기 위해 혈액 순환이 잘 이루어져.
이 치료법은 뼈, 관절, 근육이 아픈 환자들을 치료하기 위해 개발되었지만 심장이나 뇌에 무리가 갈 수 있어 주의해야 해.

확인해 봐요!

● 정답 **3쪽**

1 질소에 대한 알맞은 설명이 되도록 찢어진 종이를 연결하세요.

질소는 대부분 냄새, 색깔, 맛이 ○

질소는 냄새와 향기를 보존하여 ○

기체인 질소는 영하 196 ℃ 이하가 되면 ○

○ 액체 상태로 존재한다.

○ 제품의 신선도를 유지하는 데 도움을 준다.

○ 없는 기체 상태로 존재한다.

2 우리 주변 공기의 약 78 %를 차지하는 질소의 특징을 재미있게 표현하세요.

비행선에 쓰이는 기체

비행선에는 비행기와 달리 커다란 가스주머니가 있어. 이 커다란 가스주머니에 공기보다 가벼운 기체를 넣으면, 비행선이 위로 떠오르지. 이렇게 가벼운 기체를 이용해서 비행선은 하늘을 날 수 있어.

비행선은 구조가 단순하고 만들기가 쉬워서 기술이 발전하지 못했던 과거에 주로 사용되었어. 이후 기술이 발전하면서는 빠르고 튼튼한 비행기가 등장했지.

비행선을 띄우기 위해 이용할 수 있는 가벼운 기체에는 수소와 헬륨이 있어. 특히 수소는 물을 이용해서 쉽게 만들 수 있어서 가격이 저렴해. 그래서 초기 비행선에 많이 이용되었지만 수소는 폭발하는 성질 때문에 폭풍우 치는 험한 날씨에는 매우 위험했지. 비행선이 번개를 맞으면 폭발하니까.

그래서 폭발 위험이 없는 헬륨을 사용하기 시작했어. 그런데 헬륨은 앞으로 40년 정도 지나면 우주 밖으로 날아가서 없어질 것이라고 해. 그래서 헬륨은 가격이 비싸. 요즘엔 비행선이 한 번 하늘로 올라가면 오랫동안 하늘에 머무를 수 있는 장점 때문에 과학 실험이나 관측할 때 주로 이용한단다.

 초성용어

가스주머니에 가벼운 기체를 넣고 뜨는 힘을 이용하여 하늘을 날아다니는 항공기.

불이 일어나며 갑작스럽게 터짐.

● 정답 3쪽

참쌤이 들려주는 과학 이야기

목소리를 변하게 하는 헬륨 가스

우리가 말을 할 때 목 안에 있는 성대가 떨리면서 목소리가 나온단다. 곤충들이 날개를 떨면서 소리를 내는 것처럼 말이야.

평소에 우리가 말을 할 때는 공기 속에서 성대가 떨리지. 그런데 우리가 헬륨 가스를 들이마시고 말을 하게 되면 헬륨 가스 속에서 성대가 떨리게 돼. 이때 헬륨이 공기보다 가볍기 때문에 성대가 공기에서보다 더 빠르게 떨린단다. 그래서 헬륨 가스를 들이마시고 말을 하면 목소리가 평소보다 더 높아지면서 목소리가 변하게 되는 거야.

 확인해 봐요!

● 정답 3쪽

1 다음 비행선이 하늘 위로 떠오르려면 공기와 비행선 속의 기체 중 어떤 것이 더 무거워야 할지 ◯ 안에 >, =, <로 비교하여 나타내세요.

공기   ◯   비행선 속 기체

비행선

2 다음 그림은 비행선을 띄우기 위해 사용하는 헬륨 기체의 장점을 나타낸 것이에요. 빈칸에 헬륨 기체의 단점을 그림으로 그려보세요.

안정적이야.

비싸.

05 지구에 있는 산소

1. 산소의 성질

① 산소에는 색깔과 냄새가 없다.

② 산소는 스스로 타지 않지만 다른 물질이 타는 것을 돕는다.

③ 산소는 철이나 구리와 같은 금속을 녹슬게 한다.

실험 동영상

교과서 실험 🔬 산소 발생 시키기

과정

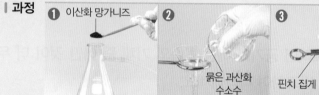

❶ 이산화 망가니즈	❷ 묽은 과산화 수소수	❸ 핀치 집게	❹ 유리판
가지 달린 삼각 플라스크에 물과 이산화 망가니즈를 넣어 기체 발생 장치를 꾸민다.	묽은 과산화 수소수를 깔때기에 $\frac{1}{2}$ 정도 붓는다.	핀치 집게를 조절하여 묽은 과산화 수소수를 조금씩 흘려 보내면서 변화를 관찰한다.	집기병에 산소를 모으고, 산소가 가득 차면 유리판으로 집기병 입구를 막아 꺼낸다.

결과
- 묽은 과산화 수소수와 이산화 망가니즈가 만나면 산소가 발생한다.
- 산소가 발생할 때 가지 달린 삼각 플라스크 내부에서는 거품이 발생하고, 수조의 ㄱ자 유리관 끝에서 거품이 나온다.
- 산소가 든 집기병에 향불을 넣었을 때 향불의 불꽃이 커진다.

2. 산소의 이용

① 산소는 공기의 약 21 %를 차지하며, 생물이 생명을 유지하는 데 꼭 필요하다.

② 잠수부의 압축 공기통, 응급 환자의 산소 호흡 장치에 이용한다.

③ 높은 온도의 불을 이용해 금속을 자르거나 붙일 때 이용한다.

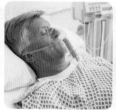

| 잠수부의 압축 공기통 | 소방관의 압축 공기통 | 응급 환자용 산소 호흡 장치 | 금속을 자르거나 붙일 때 사용하는 용접기 |

Speed ⭕❌

묽은 과산화 수소수와 이산화 망가니즈가 만나면 이산화 탄소가 발생한다.

● 정답 3쪽

06 질소와 액체 질소

1. **공기를 이루는 기체**: 공기는 대부분 질소와 산소로 이루어져 있으며, 이 밖에도 이산화 탄소, 아르곤, 크립톤, 제논, 수소, 네온, 헬륨, 수증기 등이 섞여 있다.

2. **질소의 이용**
① 식품의 내용물을 보존하거나 신선하게 보관하는 데 이용한다.
② 과자, 차, 분유, 견과류 등의 포장, 비행기 타이어나 자동차 에어백을 채우는 데 이용한다.

Speed O X

식품의 내용물을 보존하거나 신선하게 보관하는 데 질소 기체를 이용한다.

☐

● 정답 3쪽

07 비행선에 쓰이는 기체

1. **생활 속에서 기체가 이용되는 예**

구분	이용
헬륨	• 비행선, 풍선이나 기구에 넣어 이용한다. • 목소리를 변조하거나 냉각제로 이용하기도 한다.
수소	• 수소는 탈 때 물이 생성되고 오염 물질이 나오지 않는 청정 연료이다. • 수소 기체로 전기를 만들고, 수소 자동차, 수소 자전거 등에도 이용한다.
이산화 탄소	불을 끄는 소화기의 재료, 탄산음료, 자동 팽창식 구명조끼에 이용한다.
네온	특유의 빛을 내는 조명 기구나 네온 광고에 이용한다.

2. **이산화 탄소**
① 이산화 탄소에는 색깔과 냄새가 없으며, 물질이 타는 것을 막는 성질이 있다.
② 이산화 탄소는 석회수를 뿌옇게 만든다.

교과서 실험 🧪 이산화 탄소 발생 시키기

실험 동영상

│ 과정

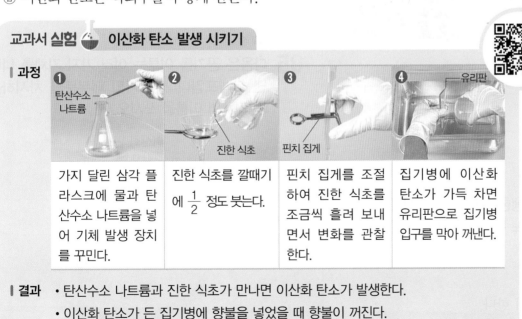

❶ 탄산수소 나트륨	❷ 진한 식초	❸ 핀치 집게	❹ 유리판
가지 달린 삼각 플라스크에 물과 탄산수소 나트륨을 넣어 기체 발생 장치를 꾸민다.	진한 식초를 깔때기에 $\frac{1}{2}$ 정도 붓는다.	핀치 집게를 조절하여 진한 식초를 조금씩 흘려 보내면서 변화를 관찰한다.	집기병에 이산화 탄소가 가득 차면 유리판으로 집기병 입구를 막아 꺼낸다.

│ 결과
• 탄산수소 나트륨과 진한 식초가 만나면 이산화 탄소가 발생한다.
• 이산화 탄소가 든 집기병에 향불을 넣었을 때 향불이 꺼진다.
• 이산화 탄소가 든 집기병에 석회수를 넣고 흔들면 투명하던 석회수가 뿌옇게 된다.

Speed O X

석회수는 이산화 탄소와 만나면 뿌옇게 흐려지는 성질이 있다.

☐

● 정답 3쪽

지구에 있는 산소

[01~03] 다음과 같이 기체 발생 장치를 만들어 기체를 발생시키려고 합니다. 물음에 답하시오.

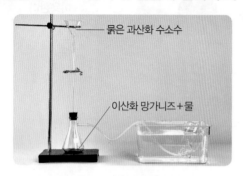
묽은 과산화 수소수
이산화 망가니즈+물

01 위 기체 발생 장치로 모을 수 있는 기체는 어느 것입니까? ( )

① 산소
② 헬륨
③ 수소
④ 질소
⑤ 이산화 탄소

02 위 실험 결과 발생한 기체가 들어 있는 집기병에 오른쪽과 같이 향불을 넣었을 때의 변화를 쓰시오.

_____

_____

03 위 실험 결과 발생한 기체에 대한 설명으로 옳지 <u>않은</u> 것은 어느 것입니까? ( )

① 냄새가 없다.
② 색깔이 없다.
③ 금속을 녹슬게 한다.
④ 생물이 숨을 쉴 때 필요하다.
⑤ 다른 물질이 타는 것을 막는다.

04 다음 중 이용된 기체의 종류가 다른 하나는 어느 것입니까? ( )

①
잠수부의 압축 공기통

②
응급 환자용 호흡 장치

③
금속을 자르거나 붙일 때 사용하는 용접기

④
소화기

질소와 액체 질소

05 다음은 공기를 이루는 여러 가지 기체를 나타낸 그래프입니다. 공기의 대부분을 차지하는 ㉠ 기체의 이름을 쓰시오.

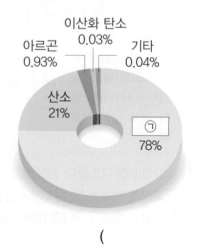
이산화 탄소 0.03%
아르곤 0.93%
기타 0.04%
산소 21%
㉠ 78%

( )

06 다음 중 기체의 이름과 그 쓰임새를 잘못 짝 지은 것은 어느 것입니까? (   )

①
이산화 탄소 – 탄산음료

②
산소 – 과자 포장

③
네온 – 광고

④
이산화 탄소 – 소화기

비행선에 쓰이는 기체

07 다음과 같이 비행선이나 풍선을 공중에 띄우는 용도로 이용되는 기체는 어느 것입니까?
(   )

① 헬륨   ② 산소
③ 질소   ④ 네온
⑤ 이산화 탄소

[08~10] 다음과 같이 기체 발생 장치를 만들어 이 산화 탄소를 발생시키는 실험을 하였습니다. 물음에 답하시오.

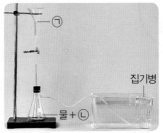

08 위 장치에서 이산화 탄소를 발생시키기 위해 ㉠과 ㉡에 넣어야 하는 물질을 바르게 짝 지은 것은 어느 것입니까? (   )

	㉠	㉡
①	우유	대리석
②	식용유	조개껍데기
③	진한 식초	탄산수소 나트륨
④	이산화 망가니즈	탄산수소 나트륨
⑤	이산화 망가니즈	묽은 과산화 수소수

09 위 실험에서 이산화 탄소가 모인 집기병에 어떤 액체를 넣고 흔들었더니 오른쪽과 같이 뿌옇게 되었습니다. 집 기병에 넣은 액체는 무엇인 지 쓰시오.

(   )

10 위 실험에서 이산화 탄소가 모인 집기병에 향 불을 넣었을 때 나타나는 현상으로 옳은 것에 ○표 하시오.

(1) 향불의 불꽃이 꺼진다.   (   )
(2) 향불의 불꽃이 커진다.   (   )

참쌤 동영상

불꽃색과 온도

물질이 산소와 빠르게 반응하여 빛과 열을 내는 현상을 연소라고 해. 활활 타오르는 불꽃을 자세히 관찰해 보면 파란색, 노란색, 빨간색 등 다양한 색깔을 볼 수 있어. 불꽃의 각 부분에 따라 온도가 다르기 때문에 다양한 색깔이 나타난단다. 불꽃의 색을 온도에 따라 빨간색, 주황색, 노란색, 파란색의 순으로 나눌 수 있는데, 빨간색으로 갈수록 온도가 낮아지고 파란색으로 갈수록 온도가 높아져.

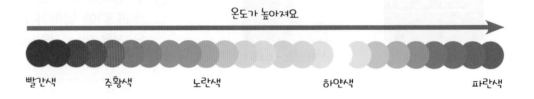

온도가 높아져요.

빨간색 　 주황색 　 노란색 　 하얀색 　 파란색

불꽃의 가장 바깥 부분에 해당하는 겉불꽃은 파란색을 띠고 온도가 가장 높아. 겉불꽃은 산소와 쉽게 만나서 완전 연소되기 때문이야. 가장 밝게 빛나는 안쪽의 속불꽃은 빨간색을 띠고 겉불꽃보다 온도가 낮아. 속불꽃은 산소 공급이 충분하지 않은 상태에서 불완전 연소하여 나온 그을음이 열을 받아 달궈지면서 빨간색을 내며 반짝이는 거란다.

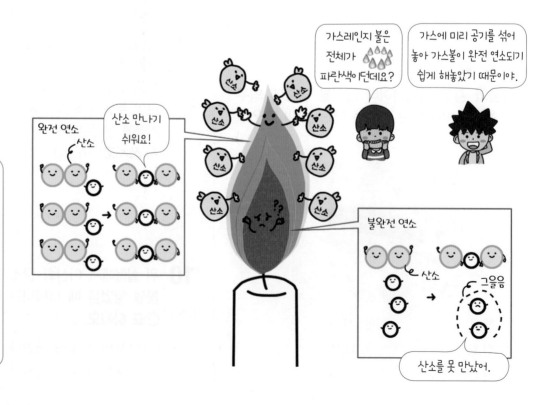

완전 연소

산소

산소 만나기 쉬워요!

가스레인지 불은 전체가 파란색이던데요?

가스에 미리 공기를 섞어 놓아 가스불이 완전 연소되기 쉽게 해놓았기 때문이야.

불완전 연소

산소

그을음

산소를 못 만났어.

도전! 초성 용어

❶ ㅇ | ㅅ

물질이 산소와 결합하여 빛과 열을 발산하는 것.

❷ ㄱ | ㅂ | ㄲ

양초의 불꽃 중 가장 바깥 부분에 해당하는 불꽃으로 온도가 1400 ℃ 정도이고 푸른빛을 띰.

● 정답 4쪽

과학이야기

공기로 만드는 튀김

가스레인지의 기름 대신 공기로 튀김을 만드는 에어 프라이어(Air Fryer)는 '뜨거운 공기'와 '고속 순환 기술'을 사용해.

공기는 기름보다 많은 양의 열을 전달할 수 없기 때문에 기름이 전달하는 열만큼을 전달하려면 공기가 아주 빠르게 많이 전달되어야 해. 이 때문에 고속 순환기술을 사용해서 뜨거운 공기를 빠르게 음식에 전달해서 식재료를 익히는 거야.

에어 프라이어의 강하고 뜨거운 공기 순환은 음식물 표면의 수분을 효과적으로 증발시켜서 먹을 때 더 바삭하게 느낄 수 있어.

확인해 봐요!

● 정답 4쪽

1 양초의 불꽃은 겉불꽃, 속불꽃, 불꽃심 세 부분으로 나눌 수 있어요. 불꽃심은 불꽃의 가장 안쪽 부분으로 가장 어둡고 온도가 낮은 부분이에요. 각 부분에서 볼 수 있는 알맞은 색깔과 온도를 선으로 이으세요.

2 별은 표면 온도에 따라 보이는 색깔이 달라요. 하늘에 뜬 별의 색깔을 보고 표면 온도가 높은 별부터 순서대로 이름을 쓰세요.

소화기의 원리

불이 났을 때 초기에 불을 *끄기* 위해 소화기를 꼭 준비해 두어야 해. 보통 소화기는 분말로 되어 있는데 분말 소화기로 어떻게 불을 *끄는지* 살펴보자.

'탈 물질'과 '산소'가 있고, '발화점(불이 날 수 있는 온도) 이상의 온도'일 때 불이 발생해. 즉, 이 세 가지 조건이 모두 갖추어져야 불이 날 수 있단다. 거꾸로 생각하면, 이중 한 가지 조건을 없애면 불을 끌 수 있다는 말이지.

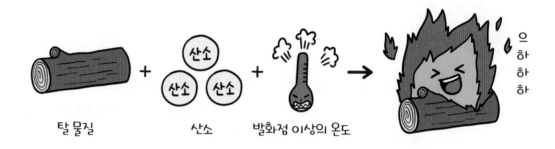

분말 소화기 속에는 밀가루같이 생긴 작은 가루 물질인 분말이 있어. 불이 난 곳에 소화기를 뿌리면 분말이 뿜어져 나와. 분말이 화재가 발생한 곳을 덮어서 산소를 차단하지. 그러면 산소가 공급되지 않아서 물질이 쉽게 타지 못하고 불이 꺼지게 돼. 또 분말이 화재가 난 곳 주변의 열을 차단하여 온도를 낮춰 줘. 즉, 발화점 아래로 온도를 낮춰 불이 꺼지게 되는 거야.

도전! 초성용어

①
ㅅ ㅎ ㄱ

불을 끄는 기구.

②
ㅂ ㅎ ㅈ

불이 날 수 있는 온도.

•정답 4쪽

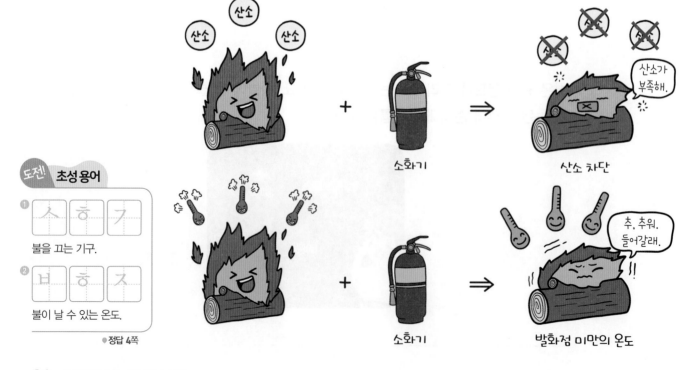

참쌤이 들려주는 과학 이야기

던져서 불을 끄는 소화기

호스가 달린 소화기는 호스를 불이 난 곳으로 향하고 손잡이를 누르면 분말이 뿜어져 나오며 불이 꺼져.

이런 형태가 아닌 투척용 소화기도 있어. 불이 난 곳으로 던져서 불을 끄는 소화기야. 투척용 소화기는 던지기 쉽게 비교적 작고 가볍게 만들어졌어. 그래서 무거운 소화기를 들기 힘든 노인도 사용할 수 있지.

불이 났을 경우를 대비해서 적당한 소화기를 적당한 장소에 설치해 두는 것이 중요하단다.

불이 난 곳을 향해 던져.

확인해 봐요!

● 정답 4쪽

1 참쌤이 불이 날 수 있는 조건을 이야기하고 있어요. ( ) 안에 들어갈 알맞은 말을 쓰세요.

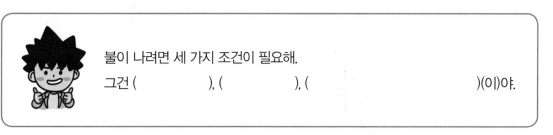

불이 나려면 세 가지 조건이 필요해.

그건 ( ), ( ), ( )(이)야.

2 다음은 소화기를 뿌려 산소를 차단해 불을 끄는 방법과 발화점 아래로 온도를 낮춰 불을 끄는 방법을 그림으로 나타낸 것이에요. 빈칸에 들어갈 알맞은 그림을 그려보세요.

불로부터 문화재 지키기

2008년 2월 우리나라 국보 1호인 '숭례문(남대문)'이 불 타 버리는 사건이 있었어. 숭례문 화재를 알고 달려간 소방관들이 불타고 있는 숭례문 위로 물을 뿌려서 불을 끄려고 했어. 하지만 숭례문의 구조 때문에 기와 안쪽으로는 물이 들어가지 못했어. 기와 위쪽으로 아무리 물을 뿌려도 불이 꺼지지 않았단다. 문화재이기 때문에 부수지 않고 불을 끄려고 하니 쉽지 않았던 거야.

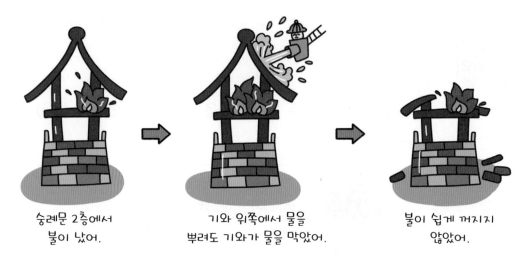

숭례문 2층에서 불이 났어.

기와 위쪽에서 물을 뿌려도 기와가 물을 막았어.

불이 쉽게 꺼지지 않았어.

문화재는 나무로 되어 있는 경우가 많아서 화재가 나면 매우 위험해. 그래서 화재로부터 문화재를 보호하기 위한 방법들을 고민해 왔어.

옛날 중국 자금성에서는 큰 건물 옆에 항상 커다란 소방 항아리를 두었어. 항아리 속에 물을 가득 담아 두고 혹시 불이 나면 바로 끌 수 있도록 한 것이지. 겨울에는 항아리 속 물이 얼지 않도록 항아리 아래에 불을 피우기도 했단다.

일본은 문화재에 화재경보기를 달고 화재가 감지되면 즉시 문화재 주변으로 스프링클러가 작동하면서 물로 벽을 만들어 문화재를 감싸도록 하고 있어.

도전! 초성 용어

불이 나는 재앙. 또는 불로 인한 재난.

조선 시대에 만든 한양 도성의 남쪽 정문. 국보 1호인 남대문의 다른 이름.

●정답 4쪽

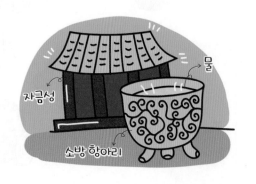

자금성

물

소방 항아리

일본의 문화재

물로 만든 벽

참쌤이 들려주는 과학 이야기

문화재를 모아둔 박물관의 화재

브라질 국립 박물관은 남아메리카 최고의 박물관이라 불려. 근데 2018년에 브라질 국립 박물관에서 화재가 발생했어. 이곳에는 2천만 개의 귀중한 유물들이 있었는데 원인을 알 수 없는 화재로 90 % 가량의 유물이 불 타 버린 거야.

브라질 국립 박물관은 문화재를 보호하는 데 필요한 돈이 너무 부족해 화재를 예방할 수 없었어. 앞으로는 이런 안타까운 일이 일어나지 않게 화재 예방에 힘을 써야 해.

확인해 봐요!

● 정답 4쪽

1 화재에 대비하는 방법을 잘못 말한 사람을 골라 ×표 하세요.

화재경보기를 설치해야 해.

경수

(   )

소화기를 곳곳에 배치해 둬.

희원

(   )

문화재 앞에서 불꽃놀이를 하면서 불이 나지 않도록 지켜 봐.

하은

(   )

2 오른쪽과 같이 숭례문의 구조를 그리려고 해요. 2층과 기와를 그려 완성해 보세요.

1층

08 불꽃색과 온도

1. 초가 탈 때 나타나는 현상과 알코올이 탈 때 나타나는 현상

초가 탈 때		• 불꽃 색깔이 노란색, 붉은색이다. • 불꽃의 아랫부분이나 옆 부분보다 윗부분이 더 뜨겁다. • 시간이 지날수록 초의 길이가 짧아진다.
알코올이 탈 때		• 불꽃 색깔이 푸른색, 붉은색이다. • 불꽃의 아랫부분이나 옆 부분보다 윗부분이 더 뜨겁다. • 시간이 지날수록 알코올의 양이 줄어든다.

2. 물질이 탈 때 나타나는 공통적인 현상

① 불꽃 주변이 밝고 따뜻해진다. → 빛과 열이 발생한다.

② 물질의 양이 변한다. → 무게가 줄어든다.

3. 우리 주변에서 물질이 타면서 발생하는 빛과 열을 이용하는 예

① 가스레인지의 가스를 태워 요리할 때 이용한다.

② 생일 케이크에 초를 꽂아 불을 붙여 주변을 밝게 한다.

③ 캠핑을 가서 모닥불을 피워 주변을 밝게 한다.

가스레인지 불꽃   생일 케이크 불꽃

Speed O X

물질이 탈 때 공통적으로 빛과 열이 발생한다.

☐   ●정답 5쪽

09 소화기의 원리

1. 연소

① 물질이 산소와 빠르게 반응하여 빛과 열을 내는 현상이다.

② 발화점: 어떤 물질이 불에 직접 닿지 않아도 타기 시작하는 온도로, 물질마다 발화점이 다르다.

③ 연소가 일어나기 위한 조건: 탈 물질과 산소가 있어야 하고, 발화점 이상의 온도가 되어야 한다.

공기 중 산소   발화점 이상의 온도: 점화기의 불꽃

탈 물질: 초

2. 물질이 연소한 후에 생기는 물질

① 물질이 연소하면 연소 전의 물질과는 다른 물질(물과 이산화 탄소)이 만들어진다.

② 새로 만들어진 물질은 푸른색 염화 코발트 종이와 석회수의 변화로 확인할 수 있다.

③ 푸른색 염화 코발트 종이의 성질: 푸른색 염화 코발트 종이는 물에 닿으면 붉게 변하는 성질이 있다.

④ 석회수의 성질: 석회수에 이산화 탄소를 통과시키면 뿌옇게 흐려지는 성질이 있다.

교과서 실험 🔬 초가 연소한 후에 생기는 물질 알아보기

| 과정

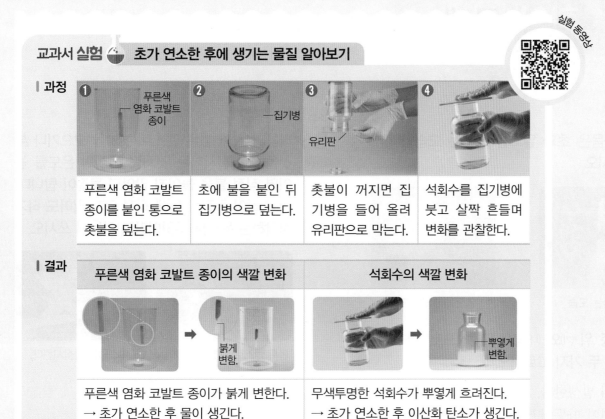

❶ 푸른색 염화 코발트 종이를 붙인 통으로 촛불을 덮는다.	❷ 초에 불을 붙인 뒤 집기병으로 덮는다.	❸ 촛불이 꺼지면 집기병을 들어 올려 유리판으로 막는다.	❹ 석회수를 집기병에 붓고 살짝 흔들며 변화를 관찰한다.

| 결과

푸른색 염화 코발트 종이의 색깔 변화	석회수의 색깔 변화
푸른색 염화 코발트 종이가 붉게 변한다. → 초가 연소한 후 물이 생긴다.	무색투명한 석회수가 뿌옇게 흐려진다. → 초가 연소한 후 이산화 탄소가 생긴다.

3. 소화

① 소화: 연소의 조건 중에서 한 가지 이상의 조건을 없애 불을 끄는 것이다.

② 생활 속에서 연소의 조건을 없애서 불을 끄는 방법

구분	방법
탈 물질 없애기	• 가스레인지의 연료 조절 밸브를 잠근다. • 초의 심지를 자른다.
산소 공급 막기	• 흙이나 모래를 뿌린다. • 물수건, 두꺼운 담요 등으로 덮는다.
발화점 미만으로 온도 낮추기	• 물수건으로 덮는다. • 물을 뿌린다.

Speed ⓞ ✕

산소가 없어도 불이 날 수 있다.

[ ]

● 정답 5쪽

🔟 불로부터 문화재 지키기

1. 화재 발생 시 올바른 대처 방법

① 비상벨을 누르고 119에 신고하며, 불을 발견하면 "불이야."라고 큰 소리로 외친다.

② 젖은 수건으로 코와 입을 막고 몸을 낮춰 이동하며, 승강기 대신 계단으로 대피한다.

2. 화재로 발생하는 피해를 줄이기 위한 방법

① 미리 소방 시설과 비상구를 확인해 두고, 소화기를 준비해 둔다.

② 여러 사람이 이용하는 공공장소에는 불에 잘 타지 않는 소재를 사용한다.

Speed ⓞ ✕

화재가 발생하면 114에 신고한다.

[ ]

● 정답 5쪽

불꽃색과 온도

[01~02] 다음은 초와 알코올이 타는 모습입니다. 물음에 답하시오.

(가)

초가 타는 모습

(나)

알코올이 타는 모습

01 다음 중 위 (가)와 (나)에서 공통적으로 나타나는 현상을 두 가지 고르시오. (　　　)

① 빛이 발생한다.
② 주변이 따뜻해진다.
③ 주변이 어두워진다.
④ 타는 물질의 양이 점점 늘어난다.
⑤ 불꽃의 윗부분보다 옆 부분이 더 뜨겁다.

02 위 (가)에서 초에 불을 붙이기 전과 촛불을 끈 후 초의 무게 변화에 맞게 빈칸에 >, =, < 를 넣으시오.

| 초에 붙을 붙이기 전 초의 무게 | | 촛불을 끈 후 초의 무게 |

03 다음은 우리 주변에서 물질이 타면서 발생하는 빛과 열을 이용하는 예입니다. 빛을 이용하는 경우에는 '빛', 열을 이용하는 경우에는 '열' 이라고 쓰시오.

(1) 가스레인지의 가스를 태워 요리를 한다.
(　　　)

(2) 생일 케이크에 초를 꽂아 불을 붙여 주변을 밝게 한다.
(　　　)

소화기의 원리

04 다음과 같이 볼록 렌즈로 햇빛을 모으거나 부싯돌을 마찰시키는 것처럼 물질의 온도를 높이면 직접 불을 붙이지 않아도 물질이 탑니다. 이와 같이 물질이 불에 직접 닿지 않아도 타기 시작하는 온도를 무엇이라고 하는지 쓰시오.

볼록 렌즈로 햇빛을 모은다.

부싯돌을 마찰시킨다.

(　　　　　　　　)

05 다음은 연소에 필요한 조건을 나타낸 그림입니다. ㉠에 들어갈 알맞은 말은 어느 것입니까? (　　　)

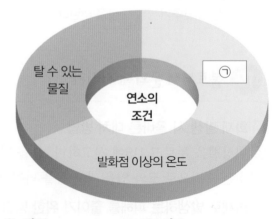

① 헬륨　　　　　② 산소
③ 질소　　　　　④ 네온
⑤ 이산화 탄소

06 오른쪽과 같이 안쪽 벽면에 푸른색 염화 코발트 종이를 붙인 투명한 아크릴 통으로 불을 붙인 초를 덮었습니다. 촛불이 꺼지고 난 후 푸른색 염화 코발트 종이의 색깔이 무슨 색으로 변하는지 쓰시오.

염화 코발트 종이

(   )

07 위 06번 문제의 답과 같이 푸른색 염화 코발트 종이의 색깔이 변하는 까닭을 쓰시오.

_____

_____

08 다음은 초가 연소할 때 생기는 물질을 알아보는 실험입니다. ㉠과 ㉡에 들어갈 물질을 바르게 짝 지은 것은 어느 것입니까? (   )

불을 붙인 초를 집기병으로 덮은 후, 촛불이 꺼지면 유리판으로 집기병의 입구를 막고 (㉠)을/를 부었다. 그리고 집기병을 살짝 흔들었더니 (㉠)이/가 뿌옇게 흐려졌다. 이것으로 보아 초가 연소할 때 (㉡)이/가 생기는 것을 알 수 있다.

	㉠	㉡
①	물	산소
②	물	이산화 탄소
③	석회수	산소
④	석회수	이산화 탄소
⑤	석회수	질소

09 다음 중 산소 공급을 막아 불을 끄는 방법을 두 가지 고르시오. (   )

①
촛불에 분무기로 물 뿌리기

②
초의 심지를 핀셋으로 잡기

③
촛불을 집기병으로 덮기

④
촛불을 물수건으로 덮기

불로부터 문화재 지키기

10 다음 화재가 발생했을 때 대처 방법에 대한 설명 중 옳은 것은 ○표, 옳지 않은 것은 ✕표 하시오.

(1) 114에 신고한다. (   )

(2) 계단 대신 승강기로 대피한다. (   )

(3) 나무로 된 가구 밑으로 들어가지 않는다.
(   )

(4) 비상벨을 눌러 불이 났다는 것을 주변에 알린다. (   )

(5) 젖은 수건으로 코와 입을 막고 몸을 낮춰 대피한다. (   )

합성 비타민

합성 비타민이란? 과일, 채소 등에서 자연적으로 만들어지는 비타민이 아니라 인공적으로 만든 비타민이에요.

합성 비타민의 좋은 점

합성 비타민은 사람이 인공적으로 만들어낸 것이지만 천연 비타민과 성분이 다르지 않아요. 비타민 C 1000mg을 섭취하려면 귤 34개 이상을 먹어야 하지만, 합성 비타민은 옥수수 전분을 이용하여 만들기 때문에 저렴한 가격에 많은 양을 만들 수 있어요. 비타민이 부족하면 우리 몸에 좋지 않은 영향을 줄 수 있기 때문에 반드시 필요한 영양소를 싼 가격에 많은 사람들이 먹을 수 있는 건 큰 장점이에요. 천연 재료만으로 비타민 약을 만들면 비타민의 함량이 낮아 몸에 필요한 양을 먹기 위해서는 많은 양을 먹어야 하므로 간편하게 먹을 수 있는 합성 비타민이 필요해요.

♦ **합성**(合 합할 합, 成 이룰 성) 둘 이상의 것을 합쳐서 하나를 이룸.
♦ **함량**(含 머금을 함, 量 헤아릴 량) 물질이 어떤 성분을 포함하고 있는 분량. 함유량.

합성 비타민이 좋아!

합성 비타민의 문제점

귤이나 오렌지로 비타민 약을 만들면 돈이 많이 필요하기 때문에 비타민 C 같은 합성 비타민을 처음 만들 때 석유에서 성분을 추출했지만 이제는 유전자 조작을 한 박테리아를 이용하거나 유전자 조작 식물에서 물질을 추출한다고 해요. 이런 경우, 원하는 물질 외에 잘 모르는 새로운 물질이 같이 생길 수 있고, 그 물질의 위험성이 확인되지 않았어요. 골고루 음식을 먹는 것으로 비타민을 균형 있게 자연적으로 섭취할 수 있고, 음식의 성분이 천연 비타민이 몸에 잘 흡수되게 도와주지만 합성 비타민만 먹으면 몸에 흡수율이 높지 않아요. 또한, 합성 비타민을 잘못 먹으면 한 가지 비타민만을 많이 먹거나 부족하게 되어 부작용이 생길 수도 있어요.

♦ **추출**(抽 뽑을 추, 出 날 출) 전체 속에서 어떤 물건, 생각, 요소 따위를 뽑아냄.
♦ **섭취**(攝 잡을 섭, 取 가질 취) 생물체가 양분 따위를 몸속에 빨아들이는 것.

모르는 물질이 생길 수 있으니 조심해야 해.

생각
정리

합성 비타민의 좋은 점과 문제점 정리해 보기

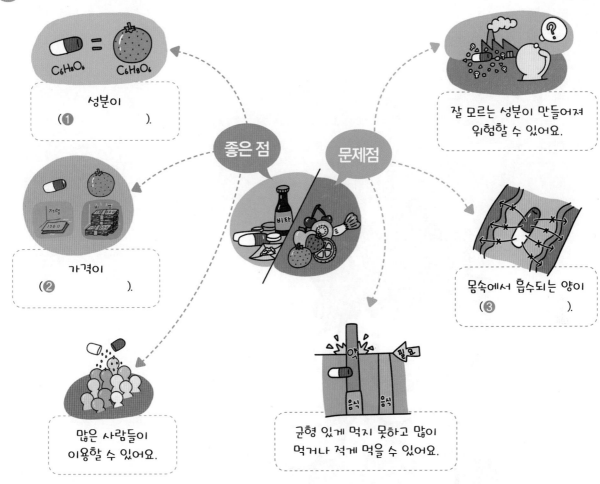

$C_6H_8O_6$ $C_6H_8O_6$

성분이

(❶   ).

좋은 점

문제점

잘 모르는 성분이 만들어져
위험할 수 있어요.

가격이

(❷   ).

비타

몸속에서 흡수되는 양이

(❸   ).

많은 사람들이
이용할 수 있어요.

약   필요

음식   음식

균형 있게 먹지 못하고 많이
먹거나 적게 먹을 수 있어요.

생각
쓰기

'합성 비타민'에 대한 나의 의견 써 보기

에너지

교과서 단원

물질의 온도

차가운 얼음을 만지다 미지근한 물을 만지면 따뜻하게 느껴지지만, 따뜻한 손난로를 만지다 같은 미지근한 물을 만지면 차갑게 느껴져. 이렇게 같은 물질도 상황에 따라 따뜻하게 느끼기도 하고 차갑게 느끼기도 해.

물질의 차갑거나 따뜻한 정도를 말로만 표현하면 정확하지 않기 때문에 온도로 나타낸단다. 공기의 온도를 '기온', 물의 온도를 '수온', 그리고 몸의 온도는 '체온'이라고 해. 온도는 숫자에 ℃(섭씨도)라는 단위를 붙여 나타내. '15.0℃'라는 온도는 '섭씨 십오 점 영 도'라고 읽는단다.

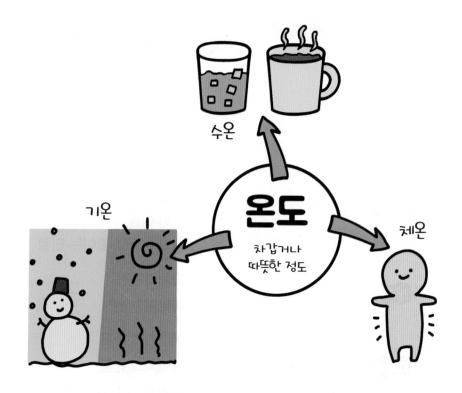

수온

기온

온도
차갑거나
따뜻한 정도

체온

도전! 초성용어

❶

ㅇ	ㄷ

따뜻함과 차가움의 정도.
또는 그것을 나타내는 수치.

❷

ㄱ	ㅇ

공기의 온도를 나타내는 말.

●정답 6쪽

온도를 왜
측정해야 해요?

비닐 온실의 온도를 측정하여
일정하게 유지시켜 주면 식물이
잘 자라는 것처럼 정확한 온도 측정이
필요한 경우가 있단다.

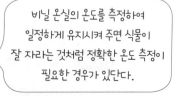

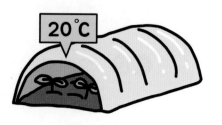

20℃

참쌤이 들려주는 과학 이야기

색깔이 변하는 컵

차가운 물을 컵에 담았을 때 색깔이 변하는 컵은 온도에 따라 색깔이 변하는 '시온 잉크'로 그림이 그려진 거야. 시온 잉크는 종류에 따라 온도가 10℃ 이하로 차가울 때 색깔이 변하는 것도 있고, 80℃ 이상으로 뜨거울 때 색깔이 변하는 것도 있어. 시온 잉크는 생활에 다양하게 활용되고 있어. 프라이팬이 뜨거워져 요리하기 알맞은 온도가 되면 고온용 시온 잉크로 표시한 부분의 색깔이 변하기 때문에 온도를 한눈에 확인할 수 있단다.

확인해 봐요!

●정답 6쪽

1 차갑거나 따뜻한 정도를 정확하게 측정해야 하는 경우의 ☐ 안에 ∨표 하세요.

새우튀김을 할 때 ☐

노래를 부를 때 ☐

책을 읽을 때 ☐

2 오른쪽의 목욕탕 물은 차갑거나 따뜻한 정도가 정확하지 않아요. 목욕탕에서 차갑거나 따뜻한 정도를 정확하게 알 수 있게 꾸미고 어떻게 꾸몄는지 내용을 쓰세요.

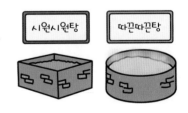

시원시원탕   따끈따끈탕

온도계의 종류와 사용법

몸에 열이 날 때 귀 체온계를 귀에 넣고 측정 버튼을 누르면 온도 표시 창에 온도가 나타나. 이렇게 온도를 측정하는 기구를 온도계라고 하는데, 체온계 외에도 적외선 온도계, 알코올 온도계 등의 온도계가 있어.

귀 체온계

적외선 온도계는 주로 고체 물질의 온도를 측정할 때 사용해. 적외선 온도계를 물질의 표면에 겨누고 온도 측정 버튼을 누르면 빨간 점이 측정하려는 물체에 닿아서 온도를 측정할 수 있지.

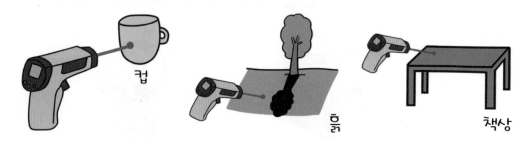

컵   흙   책상

고리, 몸체, 액체샘으로 이루어진 알코올 온도계는 액체나 기체 물질의 온도를 측정할 때 사용해. 액체샘에 들어 있는 빨간색 색소를 섞은 액체는 온도에 따라 부피가 변해. 온도가 높을 때는 빨간색 액체가 가느다란 관을 따라 위로 올라가고, 온도가 낮을 때는 빨간색 액체가 아래로 내려간단다. 알코올 온도계의 온도는 빨간색 액체가 더 이상 움직이지 않을 때 액체 기둥의 끝이 닿은 위치에 수평으로 눈높이를 맞추고 눈금을 읽어야 해.

도전! 초성용어

1

ㅊ ㅇ ㄱ

몸의 온도를 재는 데 쓰는 온도계.

2

ㅇ ㅊ ㅅ

알코올 온도계에서 빨간색 색소를 섞은 액체가 들어있는 곳.

● 정답 6쪽

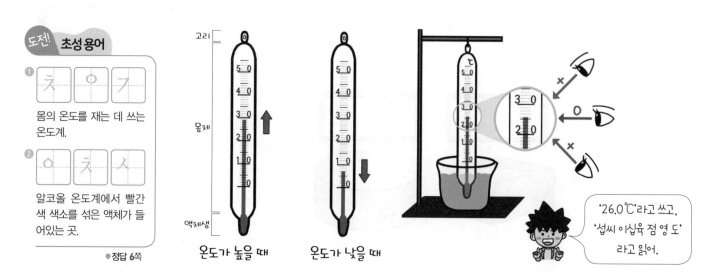

고리

몸체

액체샘

온도가 높을 때   온도가 낮을 때

'26.0 ℃'라고 쓰고, '섭씨 이십육 점 영 도'라고 읽어.

참쌤이 들려주는 과학이야기

갈릴레이 온도계

온도계는 이탈리아의 천문학자인 '갈릴레오 갈릴레이(1564~1642)'가 가장 먼저 발명했어. 갈릴레이가 처음 만든 온도계는 투명한 액체가 들어 있는 유리관과 그 안에 온도 변화에 의해 뜨거나 가라앉는 유리공으로 이루어져 있어.

갈릴레이 온도계는 유리공에 들어 있는 여러 가지 색깔의 액체가 온도에 따라 부피가 커지거나 작아지면서 떠 있거나 가라앉는 물체가 달라지는 원리야.

떠 있는 유리공 중 가장 아래에 있는 유리공에 달린 온도를 읽으면 되지만, 지금의 온도계처럼 정확하지는 못했다고 해.

확인해 봐요!

● 정답 6쪽

1 각각의 온도를 측정하기에 알맞은 온도계를 선으로 이으세요.

운동장 모래의 온도 　　　　　 방안의 기온 　　　　　 내 몸의 체온

2 다음 알코올 온도계가 나타내는 온도를 읽을 때의 눈높이에 맞게 ☐ 안에 눈 모양을 그리고, 온도계의 온도는 몇 ℃인지 쓰세요.

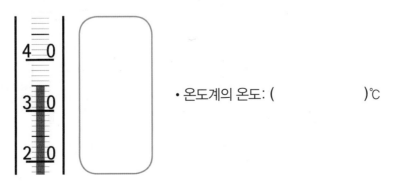

• 온도계의 온도: (　　　　　)℃

열의 이동

열은 눈에 보이지 않지만 고체, 액체, 기체에서 항상 이동하고 있어.

고체에서는 고체 물질을 따라 열이 온도가 높은 곳에서 온도가 낮은 곳으로 이동해. 뜨거운 국에 숟가락을 담가 놓은 후 시간이 지나면 숟가락 끝부분까지 뜨거워지는 것은 열이 이동했기 때문이야. 고체에서 열의 이동을 전도라고 해.

액체에서는 온도가 높아진 액체가 위로 올라가고 위에 있던 액체는 밀려 내려와. 그래서 욕조의 물속에 손을 넣을 때 위쪽은 엄청 뜨겁지만 아래쪽으로 내려가면 덜 뜨거워. 액체에서 열의 이동을 대류라고 해.

액체처럼 온도가 높은 기체도 위로 올라가고 위에 있던 기체는 아래로 밀려 내려와. 이것도 대류라고 해. 그래서 난로는 뜨거운 공기가 아래에서 위로 이동할 수 있도록 바닥 쪽에 놓고, 에어컨은 차가운 공기가 위에서 아래로 이동할 수 있도록 천장이나 높은 벽에 설치하는 거야.

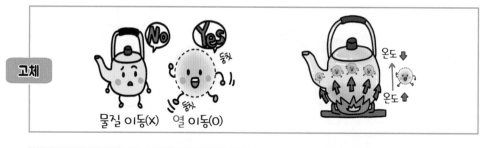

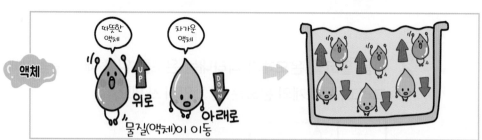

도전! 초성 용어

고체에서 열이 고체 물질을 따라 이동하는 방법.

액체, 기체 물질이 이동하여 열이 이동하는 방법.

● 정답 6쪽

열기구가 하늘로 올라갈 수 있는 힘

아래에 달린 바구니에 사람이 타고 하늘을 둥둥 떠다니는 열기구는 어떻게 하늘로 올라
갈 수 있을까?

바로 기체에서 열의 이동을 이용하는 거야.

뜨거운 불로 인해 열기구 안의 공기의 온도가 높아지면 뜨거워진 공기가 위로 올라가려는 성
질 때문에 하늘로 올라가게 되는 거야.

열기구의 불을 끄면 어떻게 될까? 열기구 안의 공기의 온도가 서서히 낮아져 땅으로 내려오게
되겠지?

확인해
봐요!

정답 6쪽

1 열의 이동에 대한 내용을 보고, 해당하는 물질의 상태를 '고체', '액체', '기체' 중 모두
골라 ⬭ 안에 쓰세요.

■ 대류의 방법으로 열이 이동한다.

■ 물질을 따라 온도가 높은 곳에서 온도가 낮은 곳으로 열이 이동한다.

■ 뜨거운 공기가 위로 올라가고 위에 있던 공기가 아래로 밀려 내려온다.

2 냄비에 물을 넣고 가스레인지 불 위에 올려 끓이고 있어요. ➡를 사용하여 고체(냄
비)에서 열의 이동, ➡를 사용하여 액체(물)에서 열의 이동을 나타내세요.

고체에서 열의 이동

액체에서 열의 이동

참쌤 동영상

열의 이동을 줄이는 단열

두 물질 사이에서 열의 이동을 줄여서 온도를 일정하게 유지하는 것을 단열이라고 해. 집을 지을 때 단열재를 사용하면 열의 이동을 줄일 수 있기 때문에 여름에는 집 밖의 뜨거운 열이 들어오는 것을 막고, 겨울에는 집 안의 따뜻한 열이 빠져나가는 것을 막을 수 있어.

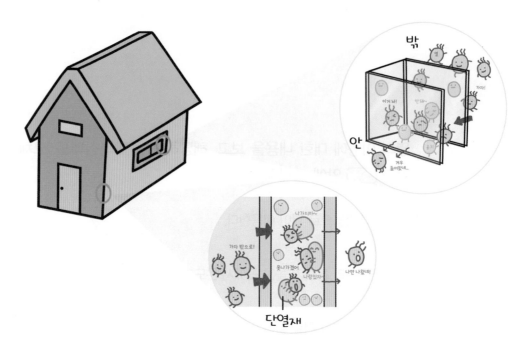

공기는 열전도율이 낮은 좋은 단열재야. 겨울에 솜이나 털이 들어 있는 옷을 입으면 솜이나 털 사이사이에 있는 공기층이 몸의 열이 밖으로 이동하는 것을 막아 줘서 따뜻함을 유지할 수 있지. 얼음을 솜으로 감싸 놓으면 감싸기 전보다 얼음이 더 천천히 녹는 것도 단열 때문이란다.

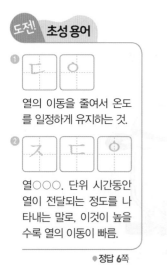

도전! 초성용어

❶
ㄷ	ㅇ

열의 이동을 줄여서 온도를 일정하게 유지하는 것.

❷
ㅈ	ㄷ	ㅇ

열○○○. 단위 시간동안 열이 전달되는 정도를 나타내는 말로, 이것이 높을수록 열의 이동이 빠름.

●정답 6쪽

열음을 솜으로 감싸 놓으면 따뜻해서 얼음이 빨리 녹지 않을까요?

밖에 있는 열이 얼음으로 이동하는 것을 솜이 막아 줘서 얼음이 더 천천히 녹는단다.

공기 단열재, 에어로겔(Aerogel)

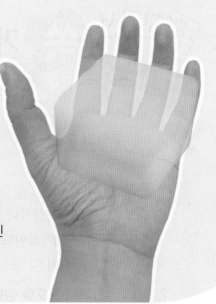

열전도율이 낮아 단열이 잘 되는 공기의 성질을 이용해서 신소재 '에어로겔'이 개발되었어. 에어로겔이란 공기를 의미하는 '에어로(aero)'와 3차원 입체 구조를 의미하는 '겔(gel)'이 합쳐진 단어야.

대부분의 공간을 공기가 차지하고 있는 고체 물질인 에어로겔은 지구상에서 가장 가벼운 소재이지만 강도는 매우 강해서 소형 자동차 무게도 버틸 수 있어. 또한 단열이 뛰어나고 빛은 통과시키는 성질이 있어서 건축 재료로도 많이 사용해. 에어로겔은 버려진 페트병으로도 만들 수 있어서 플라스틱 쓰레기 문제도 해결할 수 있는 신소재 물질이야.

확인해 봐요!

● 정답 6쪽

1 물체들의 각 부분을 만들기에 알맞은 물질을 보기 에서 골라 ⬭ 안에 쓰세요.

보기
> 금속, 플라스틱, 종이, 스타이로폼

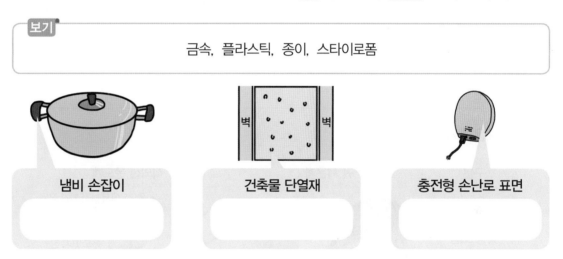

| 냄비 손잡이 | 건축물 단열재 | 충전형 손난로 표면 |

2 소방관의 방화복에도 단열재가 사용돼요. 소방관이 방화복을 입지 않았을 때와 입었을 때 열이 이동하는 정도를 화살표의 크기를 다르게 하여 각각 그리세요.

방화복을
입지 않았을 때

방화복을
입었을 때

11 물질의 온도

1. 온도
① 온도는 물질의 차갑거나 따뜻한 정도를 말한다.
② 온도는 숫자에 ℃(섭씨도)라는 단위를 붙여 나타낸다.
③ 공기의 온도는 기온, 물의 온도는 수온, 몸의 온도는 체온이라고 한다.

2. 우리 생활에서 온도를 정확하게 측정해야 하는 경우

튀김 요리를 할 때

분유를 탈 때

비닐 온실에서
배추를 재배할 때

병원에서 환자의
체온을 잴 때

Speed O X
온도는 차갑거나 따뜻한 정도를 숫자로 나타낸 것이다.

▶정답 7쪽

12 온도계의 종류와 사용법

1. 귀 체온계와 적외선 온도계

구분	귀 체온계	적외선 온도계
측정 모습	측정 버튼 / 36.5 ℃ / 온도 표시 창에 표시된 체온	온도계에서 나간 빨간 점은 측정하려는 곳에 있어야 해요. / 온도 표시 창
사용하는 경우	몸의 온도(체온)를 측정할 때	고체 물질의 온도를 측정할 때
사용법	귀 체온계의 끝을 귀에 넣고 측정 버튼을 누른다.	적외선 온도계로 측정하려는 물질(컵)의 표면을 겨누고 측정 버튼을 누른다.

2. 알코올 온도계: 물과 같은 액체나 공기와 같은 기체의 온도를 측정할 때 사용한다.

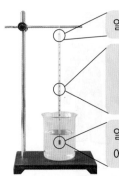

알코올 온도계의 고리 부분에 실을 매달아 사용한다.

알코올 온도계의 액체가 더 이상 움직이지 않을 때에 액체 기둥의 끝이 닿은 위치에 눈높이를 맞추어 눈금을 읽는다.

알코올 온도계로 물질을 젓지 않고, 액체샘 부분이 비커의 바닥이나 옆면에 닿지 않도록 하여 온도를 재려는 물질에 충분히 넣는다.

Speed O X
교실의 기온을 측정할 때 적외선 온도계를 사용한다.

▶정답 7쪽

13 열의 이동

1. 고체에서 열의 이동

① 전도: 고체에서 열이 온도가 높은 곳에서 온도가 낮은 곳으로 고체 물질을 따라 이동하는 것을 말한다.

② 고체 물질이 연결되어 있을 때 열이 전도되고, 끊겨 있거나 두 고체 물질이 접촉하고 있지 않다면 열의 전도는 잘 일어나지 않는다.

교과서 실험 🍳 **고체에서 열의 이동 알아보기**

실험 동영상

| 과정 ❶ 세 가지 모양의 구리판 윗면에 각각 열 변색 붙임딱지를 붙인다.

❷ 길게 자른 구리판의 한쪽 끝부분, 정사각형 구리판의 한 꼭짓점, ㄷ 모양 구리판의 한 꼭짓점을 각각 가열하면서 열 변색 붙임딱지의 색깔 변화를 관찰한다.

| 결과

가열 후	가열 후	가열 후
길게 자른 구리판	정사각형 구리판	ㄷ 모양 구리판

2. 액체와 기체에서 열의 이동

① 물이 담긴 주전자를 가열하면 주전자 바닥에 있는 물의 온도가 높아져서 위로 올라가고 위에 있던 물은 아래로 밀려 내려온다. 이 과정이 반복되면서 물 전체가 따뜻해진다.

② 온도가 높은 물체 주변에서 가열되어 온도가 높아진 공기는 위로 올라가고 위에 있던 공기는 아래로 밀려 내려온다.

③ 대류: 액체와 기체에서 온도가 높아진 물질이 위로 올라가고, 위에 있던 물질이 아래로 밀려 내려오는 과정이다.

Speed o X

온도가 높아진 액체는 위로 올라가면서 열이 이동한다.

● 정답 7쪽

14 열의 이동을 줄이는 단열

1. 단열: 두 물질 사이에서 열의 이동을 줄이는 것이다.

2. 우리 생활에서 단열을 이용한 예

보온병	건물	방한복
마개는 열전도율이 낮은 물질을 사용하고, 이중벽 사이에 비어 있는 공간을 둔다.	이중 유리창 속에 공기가 있고, 벽돌과 벽돌 사이에 기포 콘크리트를 넣는다.	섬유 속의 공기층이 열의 이동을 막는다.

Speed o X

단열은 열의 이동을 줄여서 온도가 일정하게 유지되게 하는 것이다.

● 정답 7쪽

물질의 온도

01 다음 빈칸에 들어갈 알맞은 말끼리 짝 지은 것은 어느 것입니까? (　　)

> 물질의 차갑거나 따뜻한 정도를 (　㉠　)(이)라고 하며, 단위는 (　㉡　)을/를 사용하여 나타낸다.

	㉠	㉡
①	빛	cm
②	빛	kg
③	온도	cm
④	온도	kg
⑤	온도	℃

온도계의 종류와 사용법

03 오른쪽 온도계에 대한 설명으로 옳은 것에 ○표 하시오.

(1) 체온을 잴 때 사용한다. (　　)
(2) 고리, 몸체, 액체샘으로 이루어져 있다. (　　)
(3) 액체 물질의 온도를 측정하기에 편리하다. (　　)

04 다음 중 오른쪽 적외선 온도계를 사용하여 온도를 측정하기에 적당하지 <u>않은</u> 것은 어느 것입니까? (　　)

① 컵　　② 칠판
③ 교실의 벽　　④ 연못 속 물
⑤ 운동장의 흙

02 다음 중 우리 생활에서 온도를 정확하게 측정해야 하는 경우를 두 가지 고르시오. (　　)

①  물놀이를 할 때
②  새우튀김을 만들 때
③  분유를 탈 때
④  자전거를 탈 때

05 다음 알코올 온도계가 나타내는 온도를 단위와 함께 쓰시오.

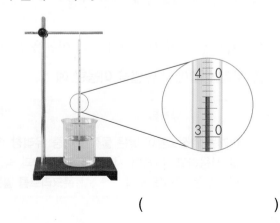

(　　　　)

열의 이동

[06~07] 오른쪽과 같이 열 변색 붙임딱지를 붙인 구리판의 한 꼭짓점을 가열하였습니다. 물음에 답하시오.

06 위 실험 결과 열이 이동하는 방향을 바르게 나타낸 것은 어느 것입니까? ( )

(단, ●은 가열한 위치입니다.)

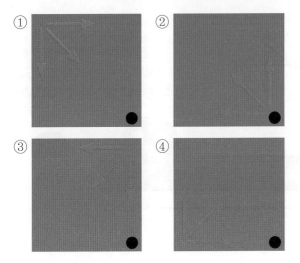

07 다음은 위 **06**번 문제를 통해 알 수 있는 고체에서 열의 이동 방법에 대한 설명입니다. ( ) 안에 들어갈 알맞은 말을 쓰시오.

> 고체에서 고체 물질을 따라 온도가 높은 곳에서 온도가 낮은 곳으로 열이 이동하는 것을 ( )(이)라고 한다.

( )

08 다음 중 액체에서 열의 이동에 대한 설명으로 옳지 않은 것은 어느 것입니까? ( )

① 온도가 높아진 물이 위로 올라간다.
② 액체에서 열의 이동 방법을 대류라고 한다.
③ 온도가 높은 곳에서 낮은 곳으로 열이 이동한다.
④ 고체에서 열의 이동 방법과 같은 방법으로 열이 이동한다.
⑤ 기체에서 열의 이동 방법과 같은 방법으로 열이 이동한다.

09 기체에서 열의 이동 방법을 생각하여 실내에서 난방 기구와 냉방 기구를 설치하기에 알맞은 위치를 선으로 연결하시오.

난로 ·

에어컨 ·

· 높은 곳에 설치한다.

· 낮은 곳에 설치한다.

열의 이동을 줄이는 단열

10 집의 벽, 지붕 등에 단열재를 사용하면 겨울이나 여름에 적절한 실내 온도를 오랫동안 유지할 수 있습니다. 단열이란 무엇인지 쓰시오.

_____

_____

물체의 운동

장난감 자동차를 굴리면 처음과 위치가 달라져. 이렇게 시간이 지남에 따라 물체의 위치가 변하는 것을 물체의 운동이라고 해. 물체의 운동을 나타낼 때는 물체가 운동하는 데 걸린 시간과 이동 거리로 나타낸단다. 물체의 위치는 기준점을 정한 다음 기준점으로부터의 방향과 거리로 나타내.

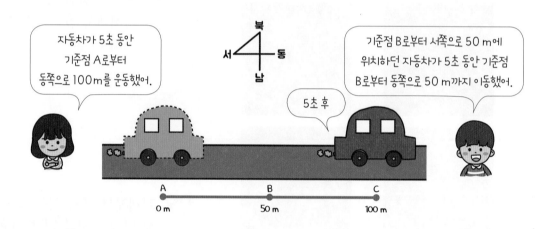

운동하는 물체의 빠르기를 비교해 보자. 일정한 시간 10초 동안 토끼와 거북이 이동한 걸 보면 더 긴 거리를 이동한 토끼가 거북보다 빨라. 또 일정한 거리 80 cm를 이동한 토끼와 거북 중 시간이 짧게 걸린 토끼가 거북보다 빠르다는 것을 알 수 있지. 걸린 시간과 이동 거리가 모두 다른 경우에는 물체의 속력을 구해서 비교해. 속력은 단위 시간(1초, 1분, 1시간) 동안 물체가 이동한 거리를 의미하고, 이동 거리를 걸린 시간으로 나누어서 구해. 거북은 이동 거리 30 cm를 걸린 시간 30초로 나누면 속력은 1cm/s이고, 토끼는 이동 거리 60 cm를 걸린 시간 12초로 나누면 속력은 5 cm/s야.

도전! **초성용어**

①

기준점을 정한 다음 기준점으로부터의 방향과 거리로 나타낼 수 있음.

②

속도의 크기, 또는 속도를 이루는 힘. 이동 거리를 걸린 시간으로 나누어 구함.

●정답 7쪽

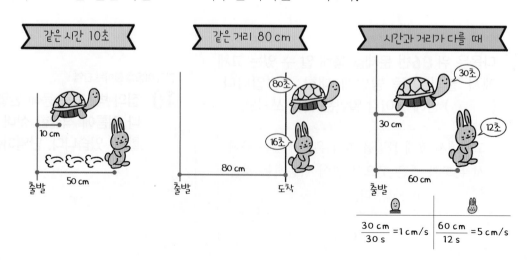

참쌤이 들려주는 과학 이야기

소리보다 빠른 빛

비오는 날 번개가 먼저 '번쩍'한 후에 '우르르 쾅쾅'하는 천둥 소리가 들리는 것은 빛과 소리의 속력이 다르기 때문에 나타나는 현상이야.

빛은 1초에 약 30만 km의 거리를 이동할 수 있기 때문에 빛의 속력(광속)은 약 30만 km/s야.

소리는 1초에 약 340 m의 거리를 이동할 수 있기 때문에 소리의 속력(음속)은 약 340 m/s야.

속력을 비교해 보면 소리보다 빛의 속력이 훨씬 더 빠르지? 그래서 번개가 먼저 보이고, 천둥 소리가 나중에 들리는 거야. 천둥과 번개가 발생하는 날 무엇이 먼저인지 확인해 보면 재미있을 거야.

 확인해 봐요!

● 정답 7쪽

1 속력을 나타내는 '5 m/s'에 대해 옳게 말한 친구의 이름에 ○표 하세요.

5 m/s는 5초 동안 1 m를 이동한다는 의미야.
채아

5 m/s는 1초 동안 5 m를 이동한다는 의미야.
민선

5 m/s는 5 cm/s보다 속력이 느려.
현수

2 버스 정류장을 기준점으로 버스의 운동을 나타내고, 버스의 속력을 구해 단위와 함께 쓰세요.

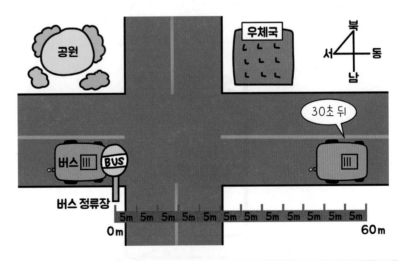

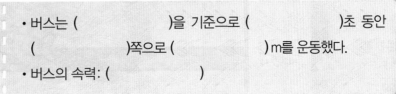

- 버스는 (   )을 기준으로 (   )초 동안
(   )쪽으로 (   )m를 운동했다.
- 버스의 속력: (   )

속력의 단위

cm/s, m/min, km/h와 같은 속력의 단위에 사용하는 s는 '초'를 나타내는 'second', min은 '분'을 나타내는 'minute', h는 '시간'을 나타내는 'hour'의 앞 글자란다. 1초당 가는 초속 거리, 1분당 가는 분속 거리, 1시간당 가는 시속 거리를 나타내는 거야.

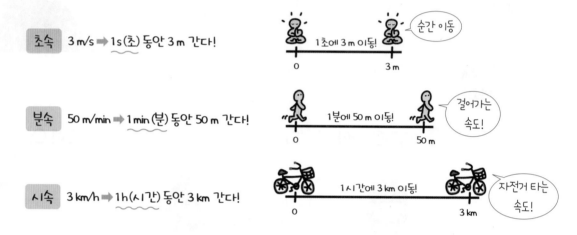

초속 3 m/s ➡ 1s(초) 동안 3 m 간다!

1초에 3 m 이동! / 순간 이동

분속 50 m/min ➡ 1 min (분) 동안 50 m 간다!

1분에 50 m 이동! / 걸어가는 속도!

시속 3 km/h ➡ 1h(시간) 동안 3 km 간다!

1시간에 3 km 이동! / 자전거 타는 속도!

여러 가지 교통수단 중 자전거는 평균 17 km/h의 속력을 낼 수 있어. 더 천천히 또는 빨리 달릴 수 있지만 평균적으로 한 시간에 17 km의 거리를 이동할 수 있지. 자동차는 일반적인 도로에서 80~120 km/h 정도의 속력으로 달려. 고속 열차의 속력은 300 km/h 정도야. 비행기는 하늘에서 800~1000 km/h 정도까지 속력을 내며 날아간단다.

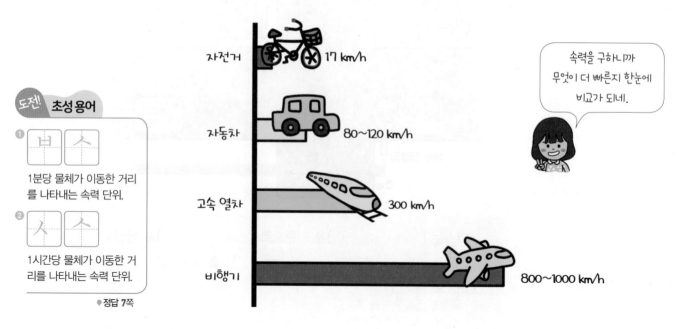

자전거 17 km/h

자동차 80~120 km/h

고속 열차 300 km/h

비행기 800~1000 km/h

속력을 구하니까 무엇이 더 빠른지 한눈에 비교가 되네.

도전! **초성 용어**

① ㅂ ㅅ

1분당 물체가 이동한 거리를 나타내는 속력 단위.

② ㅅ ㅅ

1시간당 물체가 이동한 거리를 나타내는 속력 단위.

● 정답 7쪽

과학 이야기

참쌤이 들려주는

바퀴의 발명

대부분의 교통수단에는 바퀴가 달려 있어. 기원전 5000년 경에는 원판형 나무 바퀴를 수레에 달아서 짐을 운반했어. 그 후, 기원전 2000년 경에 바퀴살이 있는 바퀴를 발명했어. 원판형 나무 바퀴보다 훨씬 가볍고 빨랐지. 이후에는 큰 변화가 없다가 기원전 100년 경 영국의 켈트족이 바퀴 테두리가 닳아 없어지는 걸 줄이기 위해 철판을 두른 바퀴살 바퀴로 변화했어. 이렇게 발전한 바퀴가 지금 주로 사용하는 바퀴 형태가 된 거야.

확인해 봐요!

●정답 **7**쪽

1 운동하는 물체에 어울리는 속력을 선으로 이으세요.

날아가는 종이비행기 ·

달리는 자동차 ·

달리기하는 사람 ·

· 80 km/h

· 5 m/s

· 20 cm/s

2 구간 단속 카메라는 자동차가 단속 구간의 시작 지점을 통과하여 끝 지점까지 통과하는 데 걸린 시간으로 속력을 구해 과속 여부를 확인해요. 다음 자동차가 제한 속도 100 km/h의 구간 단속 도로의 80 km 거리를 통과한 시각을 보고 속력을 구해 과속인지 아닌지 맞는 말에 ○표 하세요.

80 km

• 자동차의 속력: (   )
• 과속이다, 과속이 아니다.

관련 단원 | 6학년 에너지와 생활

에너지의 종류

에너지란 일을 할 수 있는 능력을 말해. 우리가 운동할 때, 자동차가 움직일 때, 집에 있는 전자제품들이 작동할 때도 에너지는 쓰여. 에너지란 사람이 일할 수 있는 능력을 의미하기도 하고, 물체가 일할 수 있는 능력을 의미하기도 해.

에너지는 종류가 다양해. 에너지 자원으로는 태양, 바람, 화석 연료(석유, 석탄, 천연가스) 등이 있어. 에너지의 형태는 운동 에너지, 위치 에너지, 빛에너지, 전기 에너지, 열에너지 등이 있지.

도전! 초성 용어

①
ㅇ	ㄴ	ㅈ

물체가 가지고 있는 일을 하는 능력을 통틀어 이르는 말.

②
ㅎ	ㅅ

땅 속에 묻혀 있는 석유, 석탄, 천연가스 등을 일컫는 말. ○○ 연료.

●정답 8쪽

한 가지 일에 한 가지 에너지만 쓰이는 건 아니야. 불꽃은 빛에너지와 열에너지를 동시에 가지고 있고, 세탁기는 전기 에너지와 운동 에너지를 이용해. 전기다리미는 전기 에너지와 열에너지를, 폭포의 물은 위치 에너지와 운동 에너지를 가지고 있지.

참쌤이 들려주는 과학 이야기

환경을 지키는 청정에너지

에너지 자원인 석유, 석탄과 같은 화석 연료는 양이 한정되어 있고 빛과 열을 내면서 탈 때 지구 환경을 오염시키는 이산화 탄소가 발생해. 이렇게 환경을 오염시키는 에너지를 대체할 수 있는 맑고 깨끗한 에너지를 청정에너지라고 해.

청정에너지에는 태양열을 이용한 태양 에너지, 땅의 열을 이용한 지열 에너지, 바람의 힘을 이용한 풍력 에너지, 물로부터 얻을 수 있는 수소 에너지, 식물이나 미생물을 발효시켜 얻는 바이오매스 에너지 등이 있어.

●정답 8쪽

1 질문 내용에 대해 옳은 댓글에는 👍에 ○표, 옳지 <u>않은</u> 댓글에는 👎에 ○표 하세요.

질문: 우리 주변에서 볼 수 있는 에너지는 무엇이 있나요?

└ 댓글 1 우리 집 강아지가 달려갈 때 위치 에너지를 가지고 있어.

👍 👎

└ 댓글 2 리모컨에 넣은 건전지의 전기 에너지가 리모컨을 작동시켜.

👍 👎

└ 댓글 3 가스레인지로 냄비의 물을 끓일 때 열에너지가 물을 뜨겁게 해.

👍 👎

2 다음 그림 속에서 각각의 물체들이 가진 에너지를 ⬜ 안에 쓰세요.

에너지의 전환

참쌤 동영상

손을 빠르게 비비면 손바닥이 따뜻해지는 것은 손을 비비는 운동 에너지가 열에너지로 바뀌었기 때문이야. 선풍기의 날개가 돌면 시원한 바람이 나오는 것은 전기 에너지가 운동 에너지로 바뀌었기 때문이지. 에너지는 한 가지 형태로 고정되어 있는 것이 아니라 다른 형태의 에너지로 그 모습을 바꿔. 이렇게 에너지의 형태가 바뀌는 것을 '에너지의 전환'이라고 해.

높은 곳에서 떨어지는 놀이기구는 위치 에너지가 운동 에너지로 전환되는 원리야. 반대로 운동 에너지가 위치 에너지로 전환되면 공이 높은 곳으로 붕 뜨기도 하지. 가전제품은 전기 에너지를 다른 에너지로 전환하여 사용해. 다리미와 난로는 열에너지로, 전등은 빛에너지로, 선풍기와 세탁기는 운동 에너지로 전환돼. 우리가 공부를 하고 몸을 움직일 수 있는 이유도 음식에 들어 있는 화학 에너지가 운동 에너지로 전환되었기 때문이란다.

위치 에너지
↓
운동 에너지

운동 에너지
↓
위치 에너지

전기 에너지

열에너지　　　빛에너지　　　운동 에너지

도전! **초성용어**

① ㅈ ㅎ

에너지의 형태가 바뀌는 것. 에너지의 ○○.

② ㅇ ㅊ

높은 곳에 있는 물체가 가지고 있는 에너지. ○○ 에너지.

●정답 8쪽

에너지는 계속해서 그 형태를 바꾸어 전환돼.

날개 없는 선풍기의 에너지

날개가 있는 선풍기는 전기 에너지가 운동 에너지로 바뀌어 바람이 나와. 날개 없는
선풍기는 전기 에너지가 어떤 에너지로 전환되어 바람이 나오는 걸까?
사실 날개 없는 선풍기도 보이지 않는 곳에 날개가 있어. 날개 없는 선풍기의 받침대 안에 있는 작은 모터와
날개들이 돌면서 주위의 공기를 빨아들이면, 안으로 들어간 공기는 위쪽의 고리로 올라간 후 88 km/h 정도의
속력으로 빠르게 흐르다가 고리 안쪽에 있는 작은 틈으로 빠져나와 더 강한 공기의 흐름이 만들어져서 시원
한 바람이 나오는 거야.
날개 없는 선풍기도 전기 에너지가 운동 에너지로 전환된 거란다.

확인해 봐요!

●정답 **8**쪽

1 다음 각 상황에서 에너지가 어떤 에너지로 전환되었는지 쓰세요.

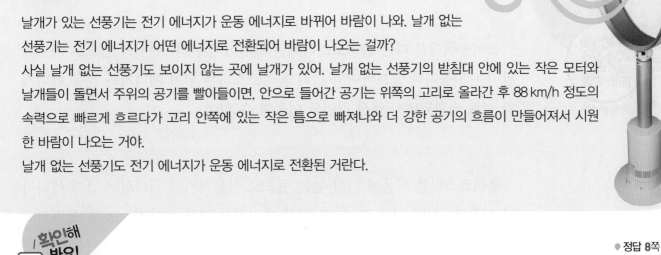

전기 에너지 ⇨ [   ]   운동 에너지 ⇨ [   ]

2 태양의 빛에너지로부터 전환되는 에너지 전환 과정을 보고, 또다른 태양의 빛에너지
의 전환 과정을 그리고 에너지 형태를 쓰세요.

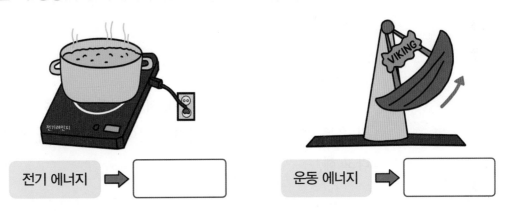

빛에너지 → 태양열 에너지 → 전기 에너지 → 열에너지

빛에너지 →

롤러코스터의 에너지

놀이공원에서 타는 롤러코스터에는 엔진이 없단다. 엔진의 힘으로 빠르게 달리는 자동차나 오토바이와 달리 롤러코스터는 위치 에너지와 운동 에너지가 서로 전환되면서 엔진 없이도 이동할 수 있어.

롤러코스터를 처음에 가장 높은 곳으로 이동시키기 위해서는 전기 에너지를 이용해. 이때 롤러코스터의 위치 에너지가 가장 높아져. 그 후 롤러코스터가 내려오면서 위치 에너지는 낮아지고, 속력이 점점 빨라지면서 운동 에너지가 높아지지. 롤러코스터가 가장 아래에 도착했을 때는 높아진 운동 에너지 덕분에 다시 위로 올라간단다. 올라가면서 운동 에너지는 낮아지고, 위치 에너지가 점점 높아지는 거야.

운동 에너지와 위치 에너지가 서로 전환될 때 주위에 방해하는 힘이 없다면 운동 에너지와 위치 에너지의 합이 항상 일정해. 이것을 '에너지 보존'이라고 해.

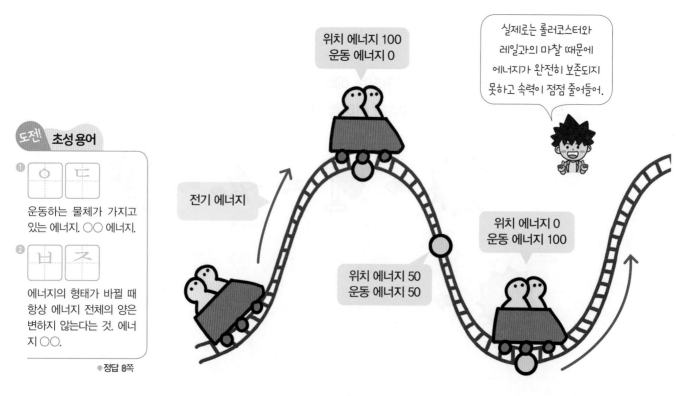

도전! 초성 용어

① ㅇ ㄷ

운동하는 물체가 가지고 있는 에너지. ○○ 에너지.

② ㅂ ㅈ

에너지의 형태가 바뀔 때 항상 에너지 전체의 양은 변하지 않는다는 것. 에너지 ○○.

• 정답 8쪽

수력 발전의 비밀

물이 떨어지는 높이 차이가 클수록 많은 전기를 얻을 수 있는 수력 발전소는 주로 물이 많고 높은 곳에 짓기도 하지만, 계절과 강수량에 영향을 많이 받지 않고 안정적인 발전량을 유지하기 위해 댐식 수력 발전을 많이 이용해. 높은 곳에 위치한 물이 떨어지면서 댐 하류에 있는 터빈을 돌리면 터빈의 운동 에너지가 전기 에너지로 전환되어 전기를 얻을 수 있어. 비가 오지 않아 댐의 상류에 물이 없을 때는 펌프를 이용하여 댐 하류에 있는 물을 위로 다시 보내서 떨어뜨리는 방법을 사용하기도 해.

● 정답 **8**쪽

1 롤러코스터의 각 부분에서의 에너지 전환으로 알맞은 것끼리 선으로 이으세요.

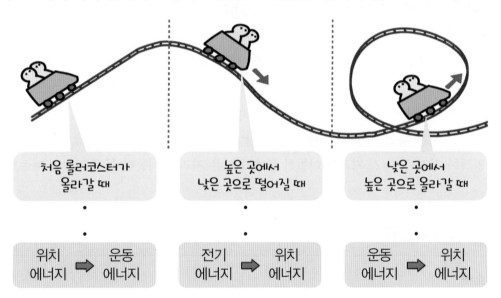

처음 롤러코스터가 올라갈 때	높은 곳에서 낮은 곳으로 떨어질 때	낮은 곳에서 높은 곳으로 올라갈 때
•	•	•

위치 에너지 ➡ 운동 에너지	전기 에너지 ➡ 위치 에너지	운동 에너지 ➡ 위치 에너지

2 롤러코스터가 이동할 때 가장 높은 곳에서 위치 에너지가 100이라면 A, B, C 위치에서의 운동 에너지의 크기를 쓰세요. 단, 롤러코스터와 레일 사이의 마찰은 생각하지 않아요.

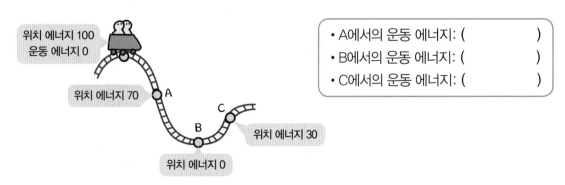

- A에서의 운동 에너지: (   )
- B에서의 운동 에너지: (   )
- C에서의 운동 에너지: (   )

위치 에너지 100
운동 에너지 0

위치 에너지 70   A

위치 에너지 0

C
위치 에너지 30

B

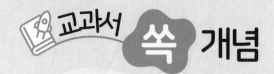
15 물체의 운동

1. 물체의 운동 나타내기
① 시간이 지남에 따라 물체의 위치가 변할 때 물체가 운동한다고 한다.
② 물체의 운동은 물체가 운동하는 데 걸린 시간과 이동 거리로 나타낸다.

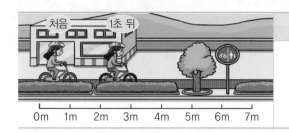

	자전거의 운동 나타내기
처음 — 1초 뒤 0m 1m 2m 3m 4m 5m 6m 7m	자전거는 1초 동안 2m를 이동했다.

2. 일정한 거리를 이동한 물체의 빠르기 비교하기
① 일정한 거리를 이동한 물체의 빠르기는 물체가 이동하는 데 걸린 시간으로 비교한다.
② 일정한 거리를 이동하는 데 짧은 시간이 걸린 물체가 긴 시간이 걸린 물체보다 더 빠르다.

3. 일정한 시간 동안 이동한 물체의 빠르기 비교하기
① 일정한 시간 동안 이동한 물체의 빠르기는 물체가 이동한 거리로 비교한다.
② 일정한 시간 동안 긴 거리를 이동한 물체가 짧은 거리를 이동한 물체보다 더 빠르다.

Speed O ✕
일정한 시간 동안 더 짧은 거리를 이동한 물체가 더 빠르다.
☐
● 정답 8쪽

16 속력의 단위

1. 속력
① 이동하는 데 걸린 시간, 이동 거리가 모두 다른 물체의 빠르기는 속력으로 비교한다.
② 속력은 1초, 1분, 1시간 등과 같은 단위 시간 동안 물체가 이동한 거리이다.
③ 속력을 구하는 방법: (속력)=(이동 거리)÷(걸린 시간)

2. 속력을 나타내는 방법
① 물체의 속력을 나타낼 때는 속력의 크기와 단위를 함께 쓴다.
② 속력의 단위: km/h, m/s 등이 있다. (시간은 h, 초는 s로 나타낸다.)

3시간 동안 240 km를 이동한 자동차의 속력	1초 동안 13 m를 이동한 바람의 속력
(자동차의 속력) = (이동 거리)÷(걸린 시간) = 240 km÷3 h = 80 km/h ➡ '팔십 킬로미터 퍼 아워' 또는 '시속 팔십 킬로미터'라고 읽는다.	(바람의 속력) = (이동 거리)÷(걸린 시간) = 13 m÷1 s = 13 m/s ➡ '십삼 미터 퍼 세컨드' 또는 '초속 십삼 미터'라고 읽는다.

Speed O ✕
속력을 나타내는 단위는 km/h 한 가지이다.
☐
● 정답 8쪽

17 에너지의 종류

1. 에너지의 필요성
① 기계와 생물은 움직이거나 살아가는 데 에너지가 필요하다.
② 에너지는 일을 할 수 있는 능력으로, 에너지가 클수록 더 많은 일을 할 수 있다.

2. 에너지의 형태

열에너지		전기 에너지		빛에너지	
	물체의 온도를 높인다.		전기 기구를 작동시킨다.		주위를 밝게 한다.
화학 에너지		**운동 에너지**		**위치 에너지**	
	생명 활동에 필요하다.		움직이는 물체에 있다.		높은 곳의 물체에 있다.

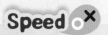

Speed O✕

어두운 밤에 밝은 전등을 켤 수 있는 것은 전기 에너지 덕분이다.

☐

● 정답 8쪽

18 에너지의 전환 ~ 19 롤러코스터의 에너지

1. 에너지 전환: 에너지의 형태가 바뀌는 것을 말한다.

2. 놀이공원에서의 에너지 전환

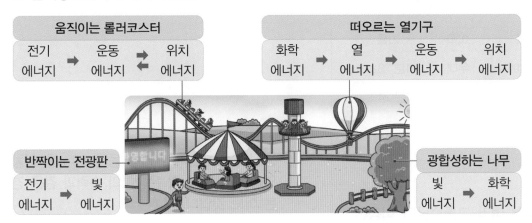

움직이는 롤러코스터
전기 에너지 → 운동 에너지 ← 위치 에너지

떠오르는 열기구
화학 에너지 → 열 에너지 → 운동 에너지 → 위치 에너지

반짝이는 전광판
전기 에너지 → 빛 에너지

광합성하는 나무
빛 에너지 → 화학 에너지

3. 태양에서 온 에너지의 전환: 우리가 생활에서 이용하는 에너지는 대부분 태양의 빛 에너지로부터 에너지의 형태가 전환된 것이다.

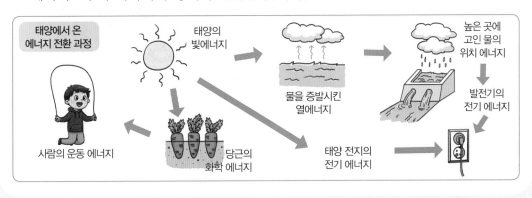

태양에서 온 에너지 전환 과정
태양의 빛에너지
물을 증발시킨 열에너지
높은 곳에 고인 물의 위치 에너지
발전기의 전기 에너지
사람의 운동 에너지
당근의 화학 에너지
태양 전지의 전기 에너지

Speed O✕

에너지는 다른 형태의 에너지로 전환되지 않는다.

☐

● 정답 8쪽

교과서 쏙 개념 **69**

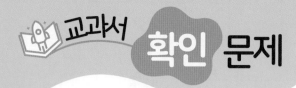

관련 단원 | **5학년** 물체의 운동
6학년 에너지와 생활

물체의 운동

01 다음 그림을 보고, 자동차의 운동을 쓰시오.

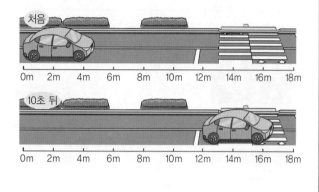

_____

_____

02 다음은 100 m 수영 경기에 출전한 선수들의 기록입니다. 가장 빠른 선수의 이름을 쓰시오.

이름	기록	이름	기록
서빈	1분 31초	우태	1분 28초
희원	1분 36초	진호	1분 24초

(   )

03 다음은 3시간 동안 여러 교통수단이 이동한 거리를 나타낸 그래프입니다. 가장 느린 교통수단은 무엇인지 쓰시오.

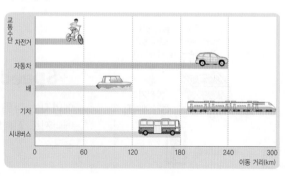

(   )

속력의 단위

04 다음 중 속력에 대한 설명으로 옳지 **않은** 것은 어느 것입니까? (   )

① 단위 시간 동안 물체가 이동한 거리이다.
② 속력의 단위에는 km/h, m/s, kg, g 등이 있다.
③ 80 km/h는 '팔십 킬로미터 퍼 아워'라고 읽는다.
④ 60 m/s는 1초에 60 m를 이동할 수 있는 속력이다.
⑤ 물체가 이동한 거리를 걸린 시간으로 나누어 구한다.

05 은정이는 자전거로 15초 동안 90m를 이동하였습니다. 다음 중 은정이의 속력과 같은 경우는 어느 것입니까? (   )

① 8초 동안 80m를 이동한 물체
② 10초 동안 60m를 이동한 물체
③ 12초 동안 60m를 이동한 물체
④ 18초 동안 90m를 이동한 물체
⑤ 20초 동안 100m를 이동한 물체

에너지의 종류

06 다음 ( ) 안에 공통으로 들어갈 알맞은 말은 어느 것입니까? ( )

- 기계를 움직이게 하거나 생물이 살아가는 데 에는 ( )이/가 필요하다.
- ( )은/는 일을 할 수 있는 능력으로, ( )이/가 클수록 더 많은 일을 할 수 있다.

① 열
② 빛
③ 전기
④ 에너지
⑤ 영양소

07 우리 주변의 에너지 형태를 바르게 찾아 선으로 연결하시오.

돌아가는 선풍기

불이 켜진 전등

미끄럼틀 위의 아이

빛 에너지

위치 에너지

운동 에너지

에너지의 전환

08 다음과 같은 에너지 전환 과정이 일어나는 경우를 골라 ○표 하시오.

전기 에너지 → 열에너지

(1)
폭포
( )

(2)
뜨거운 다리미
( )

09 다음과 같은 식물은 햇빛을 받아 광합성으로 스스로 양분을 만들어 냄으로써 에너지를 얻습니다. 태양의 빛에너지를 이용해 어떤 형태의 에너지를 만드는 것인지 쓰시오.

( )

롤러코스터의 에너지

10 오른쪽과 같이 놀이공원의 롤러코스터가 높은 곳에서 낮은 곳으로 내려갈 때 에너지 전환 과정으로 옳은 것을 찾아 기호를 쓰시오.

롤러코스터

㉠ 빛에너지 → 열에너지
㉡ 전기 에너지 → 위치 에너지
㉢ 위치 에너지 → 운동 에너지
㉣ 화학 에너지 → 전기 에너지

( )

태양 빛과 프리즘

태양 빛이 무슨 색일까 생각해 본 적 있니? 사람들은 아주 오랫동안 '순수한 흰색'이라고 생각했어. 그런데 실제로는 그렇지 않아. 천재적인 과학자였던 뉴턴은 태양 빛의 색이 무엇인지 실험을 통해 밝혀냈어.

유리를 갈아 삼각기둥 모양의 프리즘을 만들고, 태양 빛을 프리즘에 통과시켜 태양 빛의 색이 무엇인지 알아보았어. 그렇게 알아낸 태양 빛의 색은 바로 우리가 알고 있는 '무지갯빛'이야.

하지만 태양 빛의 색이 일곱 개라는 의미는 아니야. 빨강에서 보라 사이에는 일곱 가지 색보다 훨씬 더 많은 다양한 색들이 있어. 그래서 태양 빛의 색을 정확하게 표현하려면 '일곱 빛깔 무지갯빛'이 아니라 '무지갯빛의 여러 가지 색'이라고 해야 해. 뉴턴은 이런 태양 빛의 여러 색을 '스펙트럼'이라고 이름 붙였어.

우리도 여러 가지 간단한 실험으로 태양 빛의 색을 확인해 볼 수 있어.

도전! 초성 용어

태양이나 고온의 물질에서 나오는 것으로 어두운 곳을 밝게 해 줌.

빛을 굴절, 분산시킬 때 쓰는, 유리나 수정 등으로 된 물건.

●정답 9쪽

운동장에서 태양 빛을 등지고 분무기로 물을 뿜으면 태양 빛의 색을 볼 수 있어.

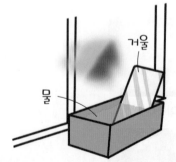

물이 든 수조에 거울을 비스듬히 넣고 태양 빛이 잘 드는 창가에 두면 태양 빛의 색을 볼 수 있어.

참쌤이 들려주는 과학 이야기

하늘에 무지개가 생기는 이유

프리즘이 없는 하늘에서는 어떻게 무지개가 생길까?
그건 공중에 있는 '물방울' 때문이야. 하늘에서는 '물방울'이 프리즘 역할을 하는 거지. 태양 빛이 물방울을 만나게 되면 프리즘을 통과했을 때처럼 여러 빛깔로 나뉘게 돼. 그것이 우리가 보는 무지개야. 이렇게 하늘에 무지개가 생기려면 물방울이 있어야 해. 그래서 주로 비가 내린 다음, 공기 중에 물방울이 많은 상태에서 태양 빛이 비칠 때 무지개를 종종 볼 수 있단다.

● 정답 9쪽

1 태양 빛에 대해 <u>잘못</u> 말한 동물을 쓰세요.

옛날 사람들은 태양 빛을 흰색이라고 생각했지만 사실은 흰색이 아니었어.
고슴도치

맞아. 태양 빛은 여러 가지 빛깔로 이루어져 있어.
기린

태양 빛의 색은 빨강, 주황, 노랑, 초록, 파랑, 남색, 보라, 이렇게 일곱 가지 색이지.
토끼

프리즘을 이용하면 태양 빛이 무슨 색인지 볼 수 있어.
호랑이

(   )

2 프리즘으로 태양 빛의 색을 관찰했을 때 나타나는 색을 다음과 같이 표현했어요. 빈 부분에 알맞은 색을 칠해 태양 빛의 색을 완성해 보세요.

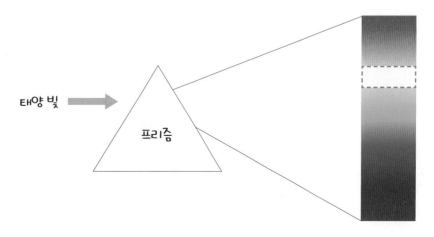

태양 빛

프리즘

관련 단원 | **6학년** 빛과 렌즈

빛의 굴절

투명한 물컵 속에 담긴 빨대가 꺾여 보인 적이 있니? 빨대가 물속에만 들어가면 이상하게 꺾인 것처럼 보인 적 말이야. 물이 마법을 부리는 걸까?

물속의 빨대가 꺾여 보이는 것은 빛의 굴절 때문이야. 빛의 굴절이란 빛이 한 물질에서 다른 물질로 이동할 때 꺾이면서 진행 방향을 바꾸는 성질이지. 물속에서 출발한 빛이 공기로 나오면서 굴절하게 되는 거야. 그렇게 굴절된 빛이 우리 눈에 들어오기 때문에 빨대가 꺾여 보이는 거지. 수영장의 물 깊이가 실제보다 얕아 보이는 것도 빛의 굴절 때문이야. 수영장 바닥이 빛의 굴절로 인해 실제보다 높은 곳에 있는 것처럼 보이는 거야.

빛의 굴절은 물질마다 빛이 움직이는 속도가 달라지기 때문에 생겨. 쉽게 설명해 줄게. 땅에서 걸어갈 때와 물속에서 걸어갈 때를 생각해 봐. 물속에서는 땅에서보다 걸어가기가 힘들어. 만약 한 발은 땅에, 한 발은 물속에 넣은 채로 걸어가면 어떻게 될까? 땅을 딛고 있는 발은 쉽게 걸어가는데, 물속에 있는 발은 잘 걷지 못해서 몸이 물 쪽으로 기우뚱하게 될 거야. 빛도 비슷해. 그래서 공기에서 나아갈 때와 물속에서 나아갈 때 속도가 달라지면서 방향이 꺾이는 거란다.

도전! **초성 용어**

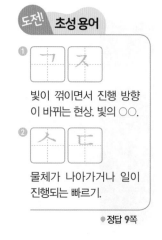

① ㄱ ㅈ

빛이 꺾이면서 진행 방향이 바뀌는 현상. 빛의 ○○.

② ㅅ ㄷ

물체가 나아가거나 일이 진행되는 빠르기.

● 정답 9쪽

빛의 굴절이 만들어 내는 신기루

사막에서 오아시스(물)를 보고 달려가면 그곳에는 모래밖에 없는 경우가 있어.
그건 환상이 아니라, 과학적으로 설명 가능한 신기루 현상이야.
이 현상은 '빛의 굴절'로 인해 생겨. 빛의 빠르기가 공기의 온도에 따라 다르기 때문
이지. 온도가 높은 곳에서는 빛의 빠르기가 빠르고, 온도가 낮은 곳에서는 빛의
빠르기가 느려. 사막의 뜨거운 공기가 위로 올라가 뜨거운 공기층이 생기
고, 빛이 그곳을 지나며 굴절하게 돼. 그러면 파란 하늘이 땅에
비쳐서 이것이 마치 오아시스처럼 보이는 거란다.

신기루

확인해
봐요!

● 정답 **9**쪽

1 갈매기가 바닷속에 있는 물고기를 잡아먹으려고 물속
으로 잠수했지만 매번 물고기를 잡을 수 없었어요. '빛
의 굴절'의 측면에서 갈매기에게 물고기를 잡을 수 있도
록 설명해 주세요.

_____

_____

_____

2 다음은 수조에 물을 넣기 전과 물을 넣은 후에 레이저 지시기의 빛이 나아가는 모습을
관찰하여 그린 그림이에요. 물을 넣은 후 빛이 나아가는 모습을 그려 완성해 보세요.

물을 넣기 전   물을 넣은 후

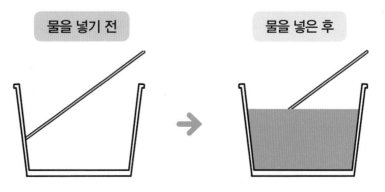

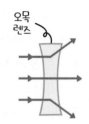

렌즈의 특징

오목 렌즈는 가운데 부분이 가장자리보다 얇은 렌즈야. 오목 렌즈로 물체를 보면 눈과 오목 렌즈 사이의 거리나 오목 렌즈와 물체 사이의 거리에 관계없이 항상 물체의 크기가 작고 똑바로 보여.

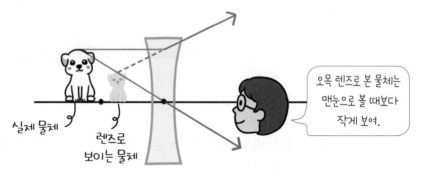

실제 물체

렌즈로 보이는 물체

오목 렌즈로 본 물체는 맨눈으로 볼 때보다 작게 보여.

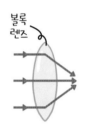

볼록 렌즈는 가운데 부분이 가장자리보다 두꺼운 렌즈야. 곧게 나아가던 빛이 볼록 렌즈의 가장자리를 통과하면 두꺼운 가운데 부분으로 꺾여 나아가지만, 빛이 볼록 렌즈의 가운데 부분을 통과하면 꺾이지 않고 그대로 나아가.

볼록 렌즈로 가까이 있는 물체를 보면 물체는 크고 똑바로 보여.

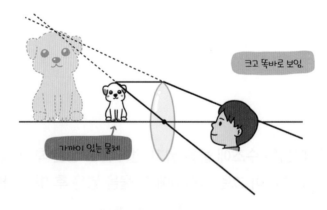

크고 똑바로 보임.

가까이 있는 물체

볼록 렌즈로 멀리 있는 물체를 보면 물체가 거꾸로 보이기도 한단다.

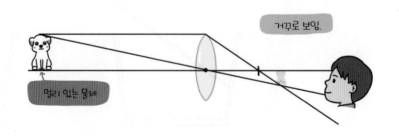

거꾸로 보임.

멀리 있는 물체

도전! 초성 용어

가운데 부분이 가장자리보다 얇은 렌즈. ○○ 렌즈.

가운데 부분이 가장자리보다 두꺼운 렌즈. ○○ 렌즈.

● 정답 9쪽

참쌤이 들려주는 과학 이야기

오목 렌즈와 볼록 렌즈를 모두 사용하는 카메라 렌즈

간직하고 싶은 순간이 있을 때 주로 스마트폰이나 카메라를 이용하여 사진을 촬영하지. 사진을 찍을 때 사용하는 렌즈는 오목 렌즈일까? 볼록 렌즈일까? 정답은 둘 다 합쳐진 복합 렌즈를 사용해.

카메라 렌즈는 촬영 대상을 필름이나 메모리에 저장할 수 있도록 상을 맺혀주는 장치로, 안경이나 돋보기와는 다르게 한 개가 아닌 여러 개를 사용해.

그 이유는 렌즈에 비춰지는 물체의 모습이 사실과 다르게 왜곡되어 보이는 것을 줄이기 위해서야.

● 정답 9쪽

1 오목 렌즈와 볼록 렌즈에 대한 옳은 설명이 되도록 ( ) 안에 들어갈 알맞은 내용을 모두 선으로 이으세요.

오목 렌즈는 ( ) ·

볼록 렌즈는 ( ) ·

· 가운데 부분이 가장자리보다 두꺼운 렌즈다.

· 렌즈와 물체 사이의 거리와 관계없이 항상 크기가 작고 똑바로 보인다.

· 물체와 렌즈 사이의 거리에 따라 똑바로 보이기도 하고, 거꾸로 보이기도 한다.

2 볼록 렌즈로 가까이 있는 물체를 보면 어떻게 보이는지 그리세요.

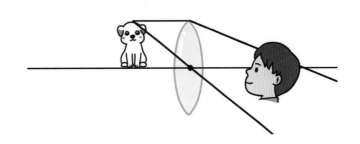

간이 사진기

렌즈의 성질을 이용하여 간이 사진기를 만들 수 있어. 간이 사진기의 큰 통의 한쪽 끝에 볼록 렌즈를 붙이고, 작은 통의 한쪽 끝에는 기름종이를 붙인 후 큰 통에 작은 통을 넣어 완성해. 간이 사진기로 물체를 보면 볼록 렌즈의 성질과 빛이 직진하는 원리에 따라 상이 상하좌우가 바뀌어 보여.

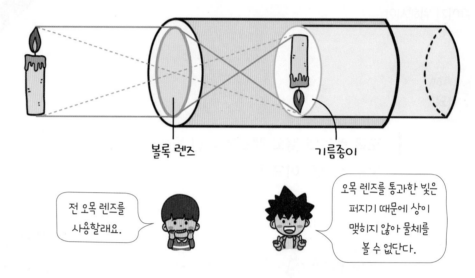

볼록 렌즈   기름종이

도전! 초성용어

① ㅈ ㅈ

빛이 방향을 굽히지 않고 똑바로 나아가는 것.
빛의 ○○.

② ㅅ

무엇인가에 비친 모습이나 형상.

● 정답 10쪽

전 오목 렌즈를 사용할래요.

오목 렌즈를 통과한 빛은 퍼지기 때문에 상이 맺히지 않아 물체를 볼 수 없단다.

간이 사진기에 가까이 있는 물체의 모습을 선명하게 보기 위해서는 볼록 렌즈와 기름종이 사이의 거리를 멀리해야 해. 멀리 있는 물체는 볼록 렌즈와 기름종이 사이의 거리를 가깝게 해야 선명하게 볼 수 있단다.

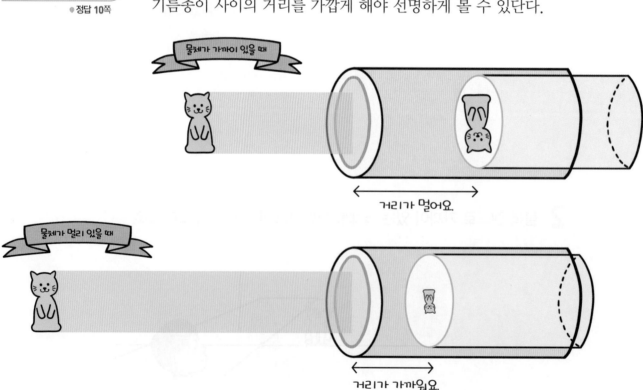

물체가 가까이 있을 때

거리가 멀어요.

물체가 멀리 있을 때

거리가 가까워요.

과학 이야기

눈의 원리와 카메라의 원리

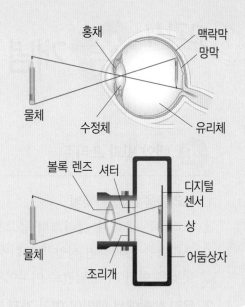

어두운 곳에서 밝은 곳으로 이동했을 때 너무 눈이 부셔서 잠시 동안 눈을 못 뜨는 현상은 눈의 검은자위에 해당하는 홍채에서 동공의 크기를 조절하는 과정과 관련이 있어.

카메라에서는 렌즈를 통과하는 빛의 양을 조절하는 장치인 조리개는 눈의 홍채 역할을 해. 카메라의 렌즈는 눈의 수정체, 카메라의 셔터는 눈꺼풀, 카메라의 필름은 수정체를 지나온 빛이 상을 맺는 망막 역할을 하지.

● 정답 10쪽

1 간이 사진기를 만들 때 큰 통의 (가)와 작은 통의 (나)에 붙이기에 알맞은 물체를 선으로 이으세요.

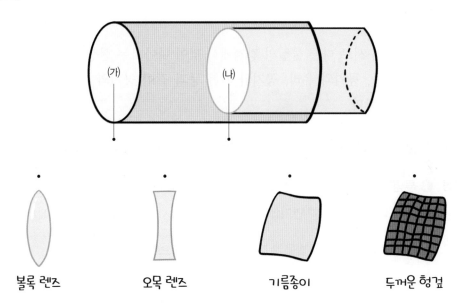

볼록 렌즈   오목 렌즈   기름종이   두꺼운 헝겊

2 간이 사진기로 책가방을 보는 모습이에요. 책가방의 상이 어떻게 맺힐지 기름종이에 그림을 그리세요.

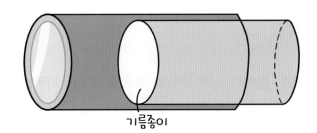

기름종이

20 태양 빛과 프리즘

1. 프리즘을 통과한 햇빛

① 프리즘은 유리나 플라스틱 등으로 만든 투명한 삼각기둥 모양의 기구로, 햇빛이 프리즘을 통과하면 하얀색 도화지에 여러 가지 빛깔로 나타난다.

② 햇빛은 여러 가지 빛깔로 이루어져 있다는 것을 알 수 있다.

2. 우리 생활에서 햇빛이 여러 가지 빛깔로 나뉘어 보이는 경우

① 비가 내린 뒤 볼 수 있는 무지개는 햇빛이 여러 빛깔로 나뉘어 보인다.

② 유리의 비스듬하게 잘린 부분을 통과한 햇빛이 만든 무지개가 있다.

Speed O✗

햇빛은 한 가지 빛깔로 이루어져 있다.

☐   ●정답 10쪽

21 빛의 굴절

1. 빛의 굴절

① 빛의 굴절: 빛이 서로 다른 물질의 경계에서 꺾여 나아가는 현상을 말한다.

② 빛은 공기와 물, 공기와 유리, 공기와 기름 등과 같이 공기와 다른 물질이 만나는 경계에서 굴절한다.

교과서 실험 🥄 공기와 물이 만나는 경계에서 빛이 나아가는 모습 관찰하기

| 과정 ❶ 투명한 수조에 물을 $\frac{1}{2}$ 정도 채우고, 우유를 몇 방울 떨어뜨린 다음 젓는다.

❷ 향을 피워 수조에 향 연기를 채우고, 레이저 지시기의 빛을 여러 각도에서 비춘다.

| 결과

빛을 수조 위쪽에서 아래쪽으로 비출 때

빛이 공기 중에서 물로 비스듬히 나아갈 때 공기와 물의 경계에서 꺾여 나아간다.

빛을 수조 아래쪽에서 위쪽으로 비출 때

빛이 물에서 공기 중으로 비스듬히 나아갈 때 공기와 물의 경계에서 꺾여 나아간다.

2. 물속에 있는 물체가 실제 모습과 다르게 보이는 까닭: 빛이 공기와 물의 경계에서 굴절하기 때문이다. 예 물속의 물고기가 실제 위치보다 떠올라 있는 것처럼 보인다.

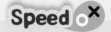

Speed O✗

빛의 굴절은 빛이 서로 다른 물질의 경계에서 반사되는 현상이다.

☐   ●정답 10쪽

1. 볼록 렌즈의 특징

① 볼록 렌즈는 렌즈의 가운데 부분이 가장자리보다 두껍다.

② 볼록 렌즈는 빛을 굴절시키기 때문에 볼록 렌즈로 물체를 보면 실제 물체보다 크게 보일 때도 있고, 실제 물체와 달리 상하좌우가 바뀌어 보일 때도 있다.

③ 곧게 나아가던 빛이 볼록 렌즈의 가장자리를 통과하면 빛은 두꺼운 가운데 부분으로 꺾여 나아간다.

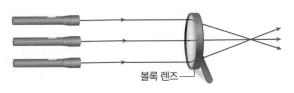

볼록 렌즈

2. 우리 생활에서 볼록 렌즈의 구실을 하는 물체

① 물방울, 유리 막대, 물이 담긴 둥근 어항, 물이 담긴 둥근 유리 잔, 물이 담긴 투명 지퍼 백 등이 있다.

② 볼록 렌즈의 구실을 할 수 있는 물체는 빛을 통과시킬 수 있고, 가운데 부분이 가장자리보다 두껍다.

3. 볼록 렌즈의 성질

① 빛이 볼록 렌즈를 통과할 때 빛의 굴절이 일어나기 때문에 볼록 렌즈로 햇빛을 모을 수 있다.

② 볼록 렌즈로 햇빛을 모은 곳의 밝기는 주변보다 밝고, 온도는 주변보다 높다.

햇빛

볼록 렌즈

Speed O ✕

볼록 렌즈는 햇빛을 모을 수 있다.

● 정답 10쪽

1. 간이 사진기: 물체에서 반사된 빛을 겉 상자에 있는 볼록 렌즈로 모아 물체의 모습이 속 상자의 기름종이에 나타나게 하는 간단한 사진기이다.

❶	❷ 볼록 렌즈	❸ 기름종이	❹ 눈을 대고 보는 곳 / 속 상자 / 겉 상자
간이 사진기 겉 상자 만들기	겉 상자의 구멍에 셀로판테이프로 볼록 렌즈 붙이기	간이 사진기 속 상자를 만들고 한쪽 끝에 기름종이 붙이기	겉 상자에 속 상자를 넣어 간이 사진기 완성하기

2. 간이 사진기로 본 물체: 간이 사진기로 물체를 보면 볼록 렌즈가 빛을 굴절시켜 기름종이에 상하좌우가 바뀐 물체의 모습을 만들기 때문에 간이 사진기로 본 물체의 모습은 실제 모습과 다르다.

실제 모습 → 간이 사진기로 관찰한 모습

Speed O ✕

간이 사진기는 볼록 렌즈를 사용한다.

● 정답 10쪽

태양 빛과 프리즘

01 다음에서 설명하는 기구의 이름을 쓰시오.

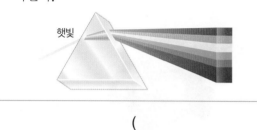

- 유리나 플라스틱 등으로 만든 투명한 삼각기둥 모양의 기구이다.
- 햇빛이 이것을 통과하면 여러 가지 빛깔로 나타난다.

햇빛

( )

빛의 굴절

[02~04] 다음은 공기와 물이 만나는 경계에서 빛이 나아가는 모습을 관찰하기 위한 실험 장치입니다. 물음에 답하시오.

투명한 아크릴판
레이저 지시기
향 연기가 섞인 공기

02 위 실험 결과로 옳은 것은 어느 것입니까?

( )

① 빛은 물을 통과하지 못한다.
② 빛은 물에서 모두 반사된다.
③ 빛은 공기 중에서 나아가지 않는다.
④ 빛은 공기와 물의 경계에서 꺾인다.
⑤ 빛은 공기와 물의 경계에서 사라진다.

03 앞의 실험에서 확인할 수 있는 빛의 성질을 골라 기호를 쓰시오.

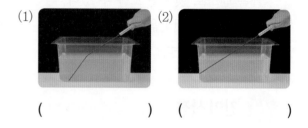

⊙ 빛의 흡수　　　ⓛ 빛의 굴절
ⓒ 빛의 반사　　　ⓔ 빛의 합성

( )

04 앞 실험 결과에서 빛이 공기 중에서 물로 나아가는 모습을 바르게 나타낸 것을 골라 ○표 하시오.

(1)　　　　　　　(2)

( )　　　　( )

05 다음과 같이 물속에 있는 물고기가 실제 위치보다 떠올라 있는 것처럼 보이는 까닭은 무엇인지 쓰시오.

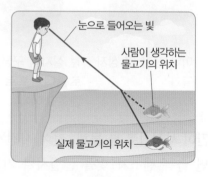

눈으로 들어오는 빛
사람이 생각하는 물고기의 위치
실제 물고기의 위치

_____

_____

렌즈의 특징

06 다음 중 볼록 렌즈를 두 가지 고르시오.
( )

①
②
③
④

07 다음 중 우리 생활에서 볼록 렌즈의 역할을 할 수 없는 물체는 어느 것입니까? ( )

①
평평한 유리창

②
물이 담긴 둥근 어항

③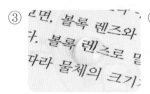
물방울

④ 렌즈는 렌즈의 가운데 부분이
볼록 렌즈로 가까이 있는 물체
라 물체가 거꾸로 보입니다.
면 볼록 렌즈와 눈 사이의 거
나 물체가 거꾸로 보입니다.
유리 막대

08 다음 중 볼록 렌즈를 통과한 햇빛을 관찰한 내용으로 옳지 않은 것은 어느 것입니까?
( )

① 햇빛이 넓게 퍼진다.
② 햇빛이 한곳으로 모인다.
③ 햇빛의 굴절이 일어난다.
④ 햇빛이 만든 원 안의 밝기가 주변보다 밝다.
⑤ 햇빛이 만든 원 안의 온도가 원 밖보다 높다.

간이 사진기

[09~10] 다음은 간이 사진기를 만드는 과정의 일부입니다. 물음에 답하시오.

(가)  볼록 렌즈
(나)  기름종이

09 간이 사진기를 만드는 과정 중 위의 (가)와 (나)는 겉 상자와 속 상자 중 각각 어느 것인지 선으로 이으시오.

(가) •   • 겉 상자

(나) •   • 속 상자

10 다음 글자 카드를 위에서 완성한 간이 사진기로 관찰하였을 때 어떻게 보이는지 그리시오.

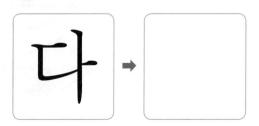

전구에 불을 켜는 방법

전지, 전선, 전구만 있으면 전구에 불을 켤 수 있어. 전지, 전선, 전구 등 전기 부품을 서로 연결해서 전기가 흐를 수 있게 만든 것을 전기 회로라고 해. 전기 회로에서 전지에 있는 전기 에너지가 전선을 따라 흘러서 전구로 전달되면 전구에 불이 켜지는 거야. 이때 전기 회로에 흐르는 전기를 전류라고 해. 전지에는 (+)극과 (−)극이 있는데, 전류는 (+)극에서 (−)극으로 흐른단다.

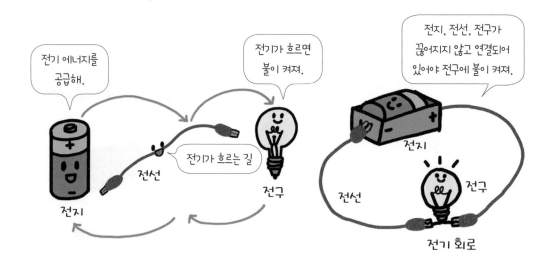

하지만 모든 물체에서 전기가 흐르는 것은 아니야. 전기가 흐르는 철, 구리, 알루미늄 등으로 된 물체를 도체라 하고, 전기가 흐르지 않는 고무, 플라스틱 등으로 된 물체를 부도체라고 해. 그래서 전선의 속은 전기가 잘 흐르는 도체로 만들고, 겉은 부도체로 감싸서 전기 사고가 나지 않도록 한단다.

도전! 초성 용어

① ㅈ ㅅ
전기가 흐르도록 만든 선.

② ㅈ ㄱ
전기를 통하여 빛을 내는 기구.

● 정답 11쪽

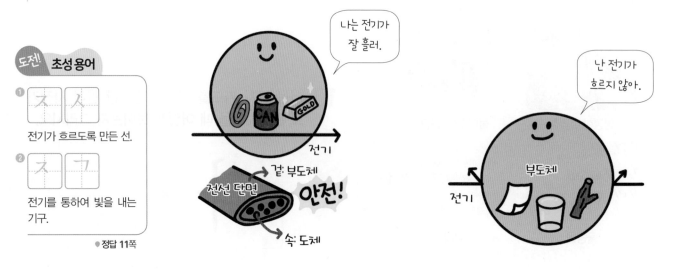

말다툼에서 시작된 전지 발명

이탈리아의 물리학자 볼타는 금속을 층층이 쌓아서 볼타 전지를 만들었어. 이것이 발전하여 지금의 건전지가 되었지.

볼타 전지를 만들게 된 것은 말다툼 때문이었어. 갈바니라는 과학자가 개구리를 해부하다 이미 죽은 개구리가 금속 클립이 닿을 때마다 움찔거리는 것을 보고 동물이 전기를 만든다고 발표했지.

그러나 볼타는 두 금속이 만나면 전기가 흐른다고 생각했어. 그래서 자신의 생각을 증명하려고 볼타 전지를 발명하게 되었단다.

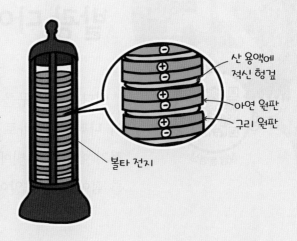

확인해 봐요!

● 정답 11쪽

1 다음 전기 회로의 비어 있는 부분에 연결했을 때 전구에 불을 켤 수 있는 것을 모두 골라 ○표 하세요.

금	유리컵	종이	캔
( )	( )	( )	( )

2 다음 전기 회로에서 전구에 불이 켜질지 아닐지를 쓰고, 그 이유를 쓰세요.

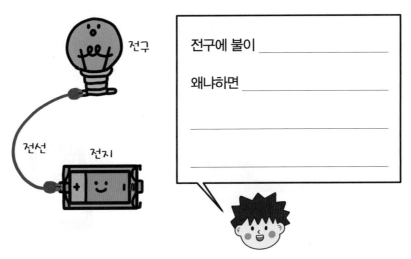

전구에 불이 _____

왜냐하면 _____

_____

비주얼 씽킹

25

참쌤 동영상

발광 다이오드(LED)

에디슨이 전구를 발명한지 약 100년 만에 전구를 대체할 만한 멋진 조명이 나타났어. 바로 '발광 다이오드(LED)'야. 발광 다이오드는 전구와 같이 전기 에너지를 빛에너지로 바꾸지. 발광 다이오드와 일반 전구에는 어떤 다른 점이 있는지 알아볼까?

내겐 길이가 다른 두 개의 다리가 있어. 긴 다리는 +극, 짧은 다리는 −극에 연결될 때 불이 켜진단다.

발광 다이오드에 불이 켜지지 않음.

전류의 방향

발광 다이오드에 불이 켜짐.

 발광 다이오드가 전구 와 다른 점은?

1. 더 밝고
2. 고장이 덜 나고
3. 다양한 색깔의 빛을 내고
4. 에너지 효율이 높아 에너지를 절약할 수 있고
5. 환경 오염 물질을 방출하지 않아 친환경적이고
6. 반영구적이야.

단, 전구에 비해 가격이 비싸고 열에 약한 단점이 있어.

우리는 생활 속에서 이미 발광 다이오드를 많이 쓰고 있어. 신호등, TV나 휴대 전화 등 스마트 기기, 집안의 전등 등에 쓰이지.

도전! 초성 용어

ㅂ ㄱ

빛을 냄. ○○ 다이오드.

ㅈ ㅁ

빛을 비춤. 또는 빛을 내는 장치로 전구, 형광등부터 LED 등을 모두 포함함.

● 정답 11쪽

신호등에도 쓰여.

스마트 기기에 쓰여.

집안의 전등에 쓰여.

참쌤이 들려주는

과학 이야기

발광 다이오드(LED)로 인한 문제점

발광 다이오드(LED)는 우리의 삶을 편리하게 하지만 문제점도 있어. 밤에 쉬고 해가 뜨면 비행하는 새들이 밤인데도 발광 다이오드의 밝은 빛 때문에 낮으로 착각을 한대. 시간이 헷갈려서 제대로 휴식을 취하지 못하니 얼마나 힘들겠어.
새들이 푹 쉬는 자정부터 새벽 4시 사이와 철새들이 이동하는 시기에는 우리 함께 '조명 끄기 운동'을 해 보는 게 어때?
사람과 동물이 도우며 살아갈 수 있는 방법이야.

왜 계속 밝지?
난 언제 쉬지?

확인해 봐요!

●정답 11쪽

1 발광 다이오드(LED)에 대해 옳게 말한 친구의 '좋아요 👍'에 ○표 하세요.

쌤 TALK

다른 조명에 비해 어둡지만 에너지 효율은 높아.

게다가 다른 조명에 비해 가격이 싸고 열에도 강하지.

환경 오염 물질을 방출하지 않아 친환경적이야.

2 발광 다이오드(LED)와 일반 전구의 다른 점을 포함하여 말풍선 안에 발광 다이오드의 자기소개를 써넣으세요.

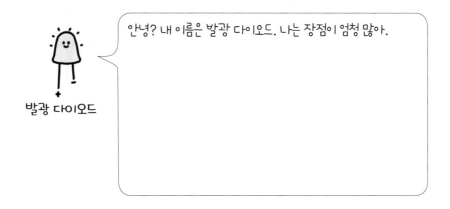

발광 다이오드

안녕? 내 이름은 발광 다이오드. 나는 장점이 엄청 많아.

참쌤 동영상

직렬연결과 병렬연결

전지나 전구 등의 연결 방법은 직렬연결과 병렬연결의 두 가지로 나뉘어.

전지의 직렬연결은 전기 회로에서 전지 두 개 이상을 서로 다른 극끼리 연결하는 방법이고, 전지의 병렬연결은 전지 두 개 이상을 서로 같은 극끼리 연결하는 방법이야.

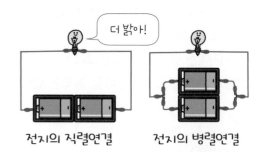

전지의 직렬연결   전지의 병렬연결

또, 전구의 직렬연결은 전기 회로에서 전구 두 개 이상을 한 개의 전선으로 연결하는 방법이고, 전구의 병렬연결은 전구 두 개 이상을 여러 개의 전선에 나누어 연결하는 방법이지.

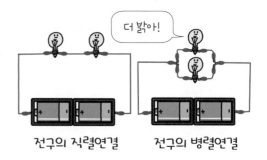

전구의 직렬연결   전구의 병렬연결

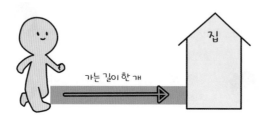
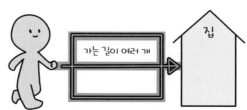

쉽게 말해 집까지 가는 길이 직렬연결은 한 개, 병렬연결은 여러 개라고 생각할 수 있단다.

도전! 초성용어

❶ ㅈ ㄹ
전기 회로에서 전지를 서로 다른 극끼리 연결하는 방법. ○○연결.

❷ ㅂ ㄹ
전기 회로에서 전지를 서로 같은 극끼리 연결하는 방법. ○○연결.

● 정답 11쪽

직렬연결은 길이 끊어졌을 때, 즉 전지나 전구 또는 전선에 이상이 생기면 전류가 흐를 수 없지만, 병렬연결은 끊어진 길이 아닌 다른 길로 갈 수 있기 때문에 전류가 흐를 수 있지.

전깃줄에 앉은 새가 감전되지 않는 까닭

고압의 전기가 흐르는 전깃줄은 감전이 될 수 있으므로 함부로 만지면 안 돼. 그런데 전깃줄에
앉아 있는 새들은 어떻게 괜찮을까?
바로 새는 하나의 전선에 두 다리를 걸치고 있기 때문이야. 즉, 새의 몸과 전선이 병렬
연결 상태가 되는 거지. 전기가 좀 더 흐르기 쉬운 전선으로 흐르면서 새의 몸으로는
흐르지 않아.
이런 원리를 이용해 사람들도 전기가 흐르는 동안에 전선을 관리할 수 있단다.

●정답 11쪽

1 전지의 직렬연결 또는 병렬연결과 관련지어 질문에 알맞은 대답을 쓰세요.

전기 회로에서 전구의
빛을 더 밝게 하려면
어떻게 해야 할까?

선우   민진

_____

_____ .

2 크리스마스 트리를 장식하는 전구 중 불이 꺼진 전구와 불이 켜진 전구는 어떤 방법
으로 연결되어 있을지 ○표 하고, 그렇게 생각한 까닭을 쓰세요.

직렬연결,   병렬연결

_____

_____

_____

관련 단원 | 6학년 전기의 이용

전자석의 특징

어떨 때는 자석의 성질을 가지지만 또 어떨 때는 자석의 성질이 없어지는 신기한 자석이 있어. 도깨비 같은 이 자석의 이름은 '전자석'이야. 전류가 흐를 때만 자석이 되는 전자석은 간단한 재료로 쉽게 만들 수 있어.

① 양 끝의 피복이 벗겨진 전선, 볼트, 철심 끈 4개, 전지, 전지 끼우개, 집게 달린 전선, 스위치 준비하기

② 전선의 한쪽 끝을 10 cm 정도 남기고 철심 끈으로 볼트의 한쪽 끝에 전선 고정하기

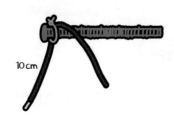

10 cm

③ 볼트에 전선을 촘촘하게 감기

10 cm

④ 전선의 다른 한쪽 부분이 10 cm 남았을 때 철심 끈으로 전선 고정하기

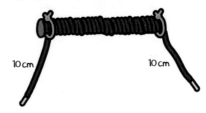

10 cm   10 cm

⑤ 전선의 양쪽 끝을 안으로 구부려 중간 부분을 철심 끈으로 고정하기

⑥ 전선을 감은 볼트, 전지, 스위치, 집게 달린 전선을 사용해 전자석 완성하기

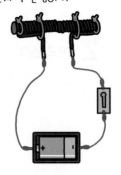

도전! 초성 용어

ㅈ ㅈ ㅅ

전류가 흐를 때만 자석이 되는 일시적인 자석.

ㅇ ㄱ

어떤 상태가 영원히 이어지는 것. 전류가 흐르지 않아도 계속 자석의 성질을 띠는 것을 ○○ 자석이라고 함.

● 정답 11쪽

반면, 항상 자석의 성질을 띠는 자석을 영구 자석이라고 해. 그렇다면 전자석과 영구 자석의 차이점은 무엇일까? 전자석은 전류가 흐를 때만 자석의 성질을 가지고, 전류의 방향을 바꾸면 극의 방향을 바꿀 수 있어. 그러나 영구 자석은 항상 자석의 성질을 가지고 있고 극을 바꿀 수도 없지. 또 전자석은 세기를 조절할 수 있지만 영구 자석은 세기를 조절할 수 없어.

참쌤이 들려주는 과학 이야기

전기와 자석의 발견

그리스의 수학자 탈레스는 양털로 보석의 한 종류인 호박을 문지르다가 머리카락이 쭈뼛 서고 솜털을 끌어당기는 현상을 경험했어. 정전기를 처음 발견한 순간이었지. 호박을 그리스어로 'elektron'이라고 하는데 이것이 오늘날 'electricity(전기)'라는 단어의 기원이 되었단다.

자석은 어떻게 발견됐을까? 그리스의 마그네시아(Magnesia)라는 마을의 어떤 돌이 쇠를 끌어당기는 것을 보고, 이러한 성질의 돌이 발견된 마을의 이름을 따서 마그넷(magnet, 자석)이라고 부르게 됐대.

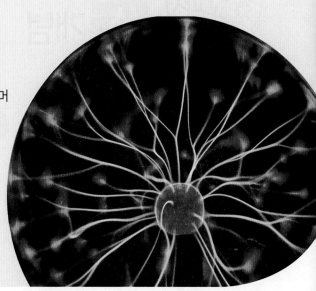

확인해 봐요!

● 정답 11쪽

1 전자석을 만드는 과정에서 빠진 부분을 그려 넣으세요.

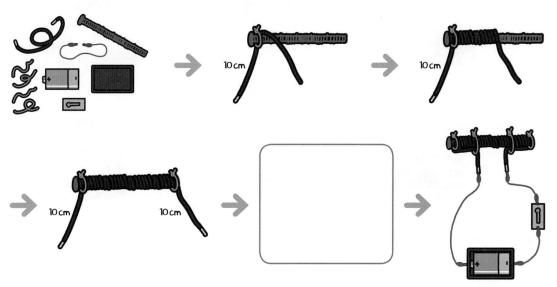

2 전자석의 특징으로 옳은 것에 모두 ○표 하세요.

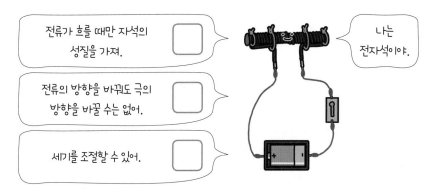

전류가 흐를 때만 자석의 성질을 가져.

전류의 방향을 바꿔도 극의 방향을 바꿀 수는 없어.

세기를 조절할 수 있어.

나는 전자석이야.

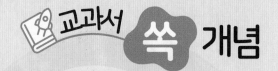

24 전구에 불을 켜는 방법 ~ 25 발광 다이오드(LED)

1. 전기 회로와 전기 부품

① 전기 회로: 전기 부품을 서로 연결해 전기가 흐르도록 한 것이다.

② 전류: 전기 회로에서 흐르는 전기를 말하고, 전류는 (+)극에서 (−)극으로 흐른다.

③ 도체와 부도체

도체	전류가 잘 흐르는 물질로, 철, 구리, 알루미늄, 흑연 등이 있다.
부도체	전류가 잘 흐르지 않는 물질로, 종이, 유리, 비닐, 나무 등이 있다.

④ 여러 가지 전기 부품

스위치	집게 달린 전선	전지 끼우개
부도체 부도체 도체 도체	부도체 부도체 도체 부도체	도체 부도체 도체

전지	전구	전구 끼우개
도체 (+)극 도체 (−)극 부도체	부도체 도체 도체 도체	도체 부도체 도체 도체

2. 전기 회로에서 불이 켜지는 조건

① 전지, 전선, 전구를 끊어지지 않게 연결해 전기 회로를 만든다.

② 전기 부품의 도체끼리 연결한다.

③ 전구는 전지의 (+)극과 (−)극에 각각 연결한다.

전구에 불이 켜지지 않는 것		전구에 불이 켜지는 것	
전구가 전지의 (+)극에만 연결되어 있다.	전선이 전지의 (−)극에만 연결되어 있다.	전구의 꼭지와 꼭지쇠가 각각 전지의 (+)극과 (−)극에 연결되어 있다.	

3. 발광 다이오드: 발광 다이오드의 긴 다리는 전지의 (+)극에, 짧은 다리는 전지의 (−)극에 연결해야 불이 켜진다.

(+) (−)

전류는 (−)극에서 (+)극으로 흐른다.

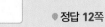

●정답 12쪽

26 직렬연결과 병렬연결

1. 전지의 직렬연결과 병렬연결

구분	전지의 직렬연결	전지의 병렬연결
연결 방법	전기 회로에서 전지 두 개 이상을 서로 다른 극끼리 연결하는 방법	전기 회로에서 전지 두 개 이상을 서로 같은 극끼리 연결하는 방법
전구의 밝기	전지를 병렬연결할 때보다 직렬연결할 때 전구가 더 밝다.	

2. 전구의 직렬연결과 병렬연결

구분	전구의 직렬연결	전구의 병렬연결
연결 방법	전기 회로에서 전구 두 개 이상을 한 줄로 연결하는 방법	전기 회로에서 전구 두 개 이상을 여러 줄에 나누어 한 개씩 연결하는 방법
전구의 밝기	전구를 직렬연결할 때보다 병렬연결할 때 전구가 더 밝다.	

Speed O✗

전지를 직렬연결한 회로의 전구가 전지를 병렬연결한 회로의 전구보다 밝다.

●정답 12쪽

27 전자석의 특징

1. 전자석: 전류가 흐르는 전선 주위에 나타나는 자석의 성질을 이용해 만든 자석이다.

교과서 실험 🥄 전자석 만들기

실험 동영상

|**과정** 둥근머리 볼트에 에나멜선을 한쪽 방향으로 촘촘하게 감아 에나멜선의 양쪽 끝부분을 벗겨 내고, 전기 회로에 연결한다.

|**결과** 철심에 에나멜선을 여러 번 감아 전기 회로와 연결하면 전자석을 만들 수 있고, 에나멜선을 더 많이 감은 전자석의 세기가 더 세다.

전자석

2. 전자석의 성질

① 전류가 흐를 때만 자석의 성질이 나타난다.

② 직렬로 연결된 전지의 개수를 다르게 하여 전자석의 세기를 조절할 수 있다.

③ 전류의 방향이 바뀌면 전자석의 극(N극과 S극)도 바뀐다.

Speed O✗

전자석은 전류가 흐르지 않을 때에도 자석의 성질을 띤다.

●정답 12쪽

전구에 불을 켜는 방법

01 다음과 같이 전지, 전구, 전선 등의 여러 가지 전기 부품을 서로 연결하여 전기가 흐르도록 한 것을 무엇이라고 하는지 쓰시오.

(   )

[03~04] 다음은 전지, 전선, 전구를 연결한 것입니다. 물음에 답하시오.

03 위 (가)~(다) 중 전구에 불이 켜지지 않는 것의 기호를 쓰시오.

(   )

04 위 **03**번 답에서 전구에 불이 켜지지 않는 까닭은 무엇인지 쓰시오.

_____

_____

02 다음 중 전류가 흐르면 필라멘트에 빛이 나는 전기 부품은 어느 것입니까? (   )

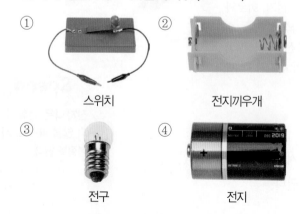

① 스위치
② 전지끼우개
③ 전구
④ 전지

발광 다이오드(LED)

05 다음 중 스위치를 닫았을 때 발광 다이오드에 불이 켜지는 전기 회로를 골라 기호를 쓰시오.

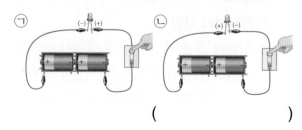

(   )

직렬연결과 병렬연결

[06~07] 다음 전기 회로를 보고, 물음에 답하시오.

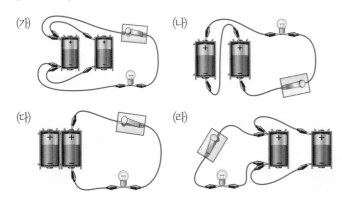

06 위 (가)~(라) 중 전지의 연결 방법이 다른 하나를 골라 기호를 쓰시오.

(   )

07 위 (라) 전기 회로에 대한 설명으로 옳은 것에 ○표 하시오.

(1) 전지가 직렬연결되어 있다. (   )

(2) 전지 두 개가 서로 다른 극끼리 연결되어 있다. (   )

(3) 전지 한 개를 빼내고 스위치를 닫았을 때 전구에 불이 켜진다. (   )

08 다음 중 스위치를 닫았을 때 전구의 밝기가 더 밝은 전기 회로는 어느 것인지 기호를 쓰시오.

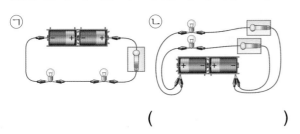

(   )

전자석의 특징

09 다음과 같이 둥근머리 볼트에 에나멜선을 감은 수를 다르게 하여 전자석을 만들었을 때, 전자석의 세기가 더 센 것에 ○표 하시오.

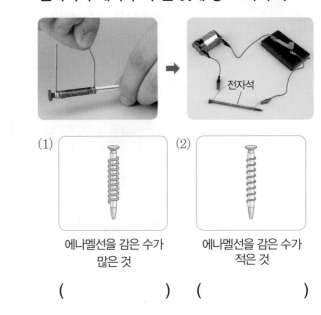

(1)	(2)
에나멜선을 감은 수가 많은 것	에나멜선을 감은 수가 적은 것

(   ) (   )

10 다음 중 전자석의 성질에 대한 설명으로 옳지 않은 것은 어느 것입니까? (   )

① N극과 S극이 있다.

② 세기를 조절할 수 있다.

③ 극의 방향을 바꿀 수 있다.

④ 전류가 흐르는 동안에만 극이 나타난다.

⑤ 전류의 방향이 바뀌어도 극의 방향은 바뀌지 않는다.

전기 요금 누진제

전기 요금 누진제란? 전기 사용량에 따라 전기 요금을 높이는 제도로, 에너지 절약을 이끌어 내기 위해 실시되었어요. 가장 낮은 단계와 가장 높은 단계의 전기 요금 차이는 3배 정도라고 해요.

전기 요금 누진제의 좋은 점

전기를 절약하기 위해 반드시 필요한 제도야!

전기 요금 누진제는 전기를 많이 사용하는 가정은 많은 전기 요금을 내게 함으로써 전기를 절약하도록 만들기 위한 제도예요. 전기 요금 누진제를 없앨 경우 평균 전기 요금이 높아지게 되어, 저소득층을 비롯해 전기를 아껴 쓰는 가정에도 부담을 주게 돼요. 또한 무분별한 전기의 사용으로 전력 부족 현상이 발생할 수 있어요. 전력 부족으로 인한 대규모 정전 사태를 막기 위해서는 발전소를 추가로 건설해야 하는데, 그럼 결국 전기 요금이 올라갈 수밖에 없겠지요. 따라서 전기 요금 누진제는 저소득층과 전기를 아껴 쓰는 가정을 보호하고, 에너지를 절약하도록 하는 데 꼭 필요한 제도예요.

♦**누진(累** 여러 누, **進** 오르다 진) 가격, 수량 등이 더해감에 따라 상대적으로 그에 대한 비율이 점점 높아짐.
♦**저소득(低** 밑 저, **所** 바 소, **得** 얻을 득) 적은 벌이. 또는 벌이가 적음.

전기 요금 누진제의 한계점

가정에만 불이익을 주고, 요즘 시대에는 맞지 않는 제도야!

전기 요금 누진제는 산업용과 일반용에는 적용하지 않고, 전체 전기 사용량의 약 13% 밖에 차지하지 않는 가정용 전기에만 적용하고 있어요. 전기 절약의 효과도 크지 않을 뿐더러 불공평한 제도이죠. 게다가 현재의 사정과 맞지 않는 오래된 제도예요. 지금은 대부분의 생활이 전기 없이는 이루어지지 않아요. 다양한 문화생활을 통한 삶의 질 향상과 살아가는 데 쾌적한 환경을 만들기 위해 전기는 꼭 필요한 존재이기 때문이에요. 전기는 쓸지 말지를 선택할 수 있는 것이 아니라 생활에 반드시 필요한 존재예요. 따라서 전기를 많이 사용했다는 이유만으로 돈을 더 내야 하는 것은 억지스러워요.

♦**산업용(産** 낳을 산, **業** 업 업, **用** 쓸 용) 농업, 목축업, 공업, 상업, 서비스업 등과 같이 생산하거나 재생산을 하는 사업에 쓰임.
♦**쾌적(快** 쾌할 쾌, **適** 갈 적) 기분이 상쾌하고 즐거움.

전기 요금 누진제의 좋은 점과 한계점 정리해 보기

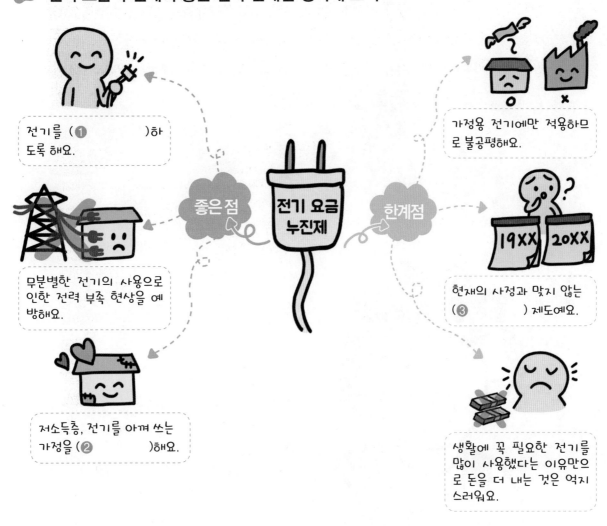

좋은 점

전기를 (❶   )하
도록 해요.

무분별한 전기의 사용으로
인한 전력 부족 현상을 예
방해요.

저소득층, 전기를 아껴 쓰는
가정을 (❷   )해요.

전기 요금
누진제

한계점

가정용 전기에만 적용하므
로 불공평해요.

현재의 사정과 맞지 않는
(❸   ) 제도예요.

생활에 꼭 필요한 전기를
많이 사용했다는 이유만으
로 돈을 더 내는 것은 억지
스러워요.

'전기 요금 누진제'에 대한 나의 의견 써 보기

생명

비주얼 씽킹

28

참쌤 동영상

곰팡이와 버섯

빵에 생기는 푸른색 곰팡이, 화장실 벽의 붉은색 곰팡이, 썩은 나무에서 자라는 버섯 등 주변에서 곰팡이와 버섯을 쉽게 볼 수 있어. 따뜻하고 축축한 환경에서 잘 자라기 때문에 주로 여름철에 많이 볼 수 있지.

곰팡이는 된장, 간장, 치즈, 비타민 등의 음식 재료를 얻는 이로움이 있지만, 음식을 상하게 하거나 균이 침입하여 질병을 일으키는 등의 해로움을 주기도 해.

이로운 영향 · 된장을 만드는 곰팡이 · 치즈를 만드는 곰팡이

해로운 영향 · 음식을 상하게 하는 곰팡이 · 질병을 일으키는 곰팡이

종류가 다양한 버섯은 만졌을 때 촉촉하고, 윗부분에는 갓이 있어. 갓 안쪽에는 주름이 많고 깊게 파여 있는데, 이 부분에서 포자를 만들어서 번식해.

주름

포자

버섯은 줄기, 잎과 같은 모양이 없고 보통의 식물보다 작아.

도전! **초성용어**

①

ㄱ	ㅍ	ㅇ

동물이나 식물에 기생하며 어둡고 습기가 찰 때 음식물, 옷, 기구 따위에 생김.

②

ㄱ	ㄹ

곰팡이, 효모, 버섯류를 통틀어 나타내는 말.

● 정답 13쪽

곰팡이와 버섯 같은 생물을 균류라고 해. 균류는 보통 거미줄처럼 가늘고 긴 모양의 균사로 이루어져 있어. 균류는 스스로 양분을 만들지 못하기 때문에 죽은 생물이나 다른 생물에 붙어서 영양분을 얻으며 살아가.

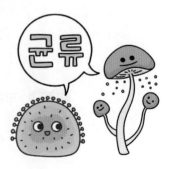
균류

참쌤이 들려주는 과학 이야기

빵 속의 효모(yeast)

효모는 크기가 아주 작아 눈으로 볼 수 없지만 약 5천 년 전부터 인간이 식품에 이용해 온 미생물이야. 효모는 곰팡이나 버섯과 같은 균류에 해당하지만 균사가 없어.

효모는 산소가 없어도 당을 먹고 알코올과 이산화 탄소를 만들며, 이 이산화 탄소가 빵 반죽을 부풀게 해.

효모는 10~37 ℃ 정도의 온도에서 활발하게 자라기 때문에 빵을 만들 때 빵 반죽을 따뜻한 온도에 두면 잘 부풀어 올라 맛있는 빵을 만들 수 있어.

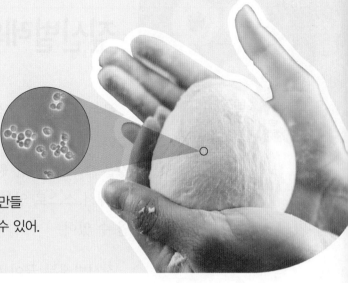

● 정답 13쪽

확인해 봐요!

1 곰팡이와 버섯의 특징에 알맞은 것끼리 모두 선으로 이으세요.

곰팡이 · 　　　　　 버섯 ·

·

된장, 간장을
만들 수 있어요.

·

안쪽에
주름이 많아요.

·

음식을
상하게 해요.

2 여러 종류의 버섯이 있어요. 버섯이 번식하는 방법을 그리세요.

짚신벌레와 해캄

물이 고인 곳, 물살이 느린 곳에서 눈에 잘 보이지 않는 원생생물이 살고 있어. 원생생물은 대부분 단세포로 이루어져 있는 생물로, 짧은 시간 안에 많은 수로 늘어나. 원생생물 중 해캄, 유글레나, 장구말, 반달말 등은 광합성을 해서 스스로 양분을 만들고, 짚신벌레, 아메바, 종벌레 등은 스스로 움직일 수 있어.

짚신벌레는 끝이 원통 모양으로 길쭉하고 바깥쪽에 가는 털이 있어. 짚신벌레 안쪽에는 여러 가지 다른 모양이 보이는데, 이 모양이 짚신을 닮았다고 해서 짚신벌레라는 이름이 붙여졌어.

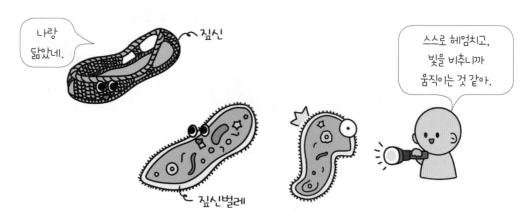

초록색인 해캄을 자세히 보면 선명한 초록색 알갱이들이 한 줄로 늘어서 있어. 이 알갱이들이 사선 모양으로 연결되어 있는데, 가닥들이 모여서 원기둥 모양을 만들고, 대나무와 같이 마디가 있는 것처럼 보여. 해캄은 여러 가닥이 뭉쳐서 살지만 한 가닥은 매우 가늘고 길어.

도전! 초성용어

①
ㅇ	ㅅ

단세포 생물을 통틀어 이르는 말. ○○생물.

②
ㄱ	ㅎ	ㅅ

녹색 식물이나 생물이 빛을 이용하여 양분을 스스로 만드는 과정.

● 정답 13쪽

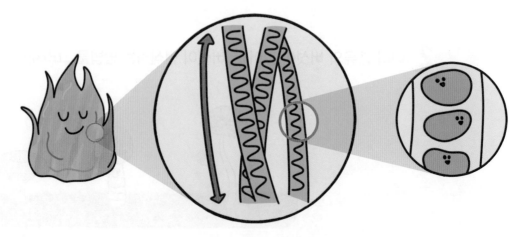

참쌤이 들려주는 과학 이야기

원생생물에 의한 적조 현상

대부분의 원생생물은 물속에서 다른 종과 서로 이익을 주며 공생해. 산호초는 와편모조류라는 원생생물의 일부를 몸 안으로 받아 들여 공생하고, 와편모조류는 산호에게 영양분을 제공해. 산호초는 바닷속 다양한 생물체에게 서식지와 피난처를 제공 하는 중요한 역할을 하지만, 산호에서 와편모조류가 많아지면 바다가 붉게 물드는 적조가 발생해. 적조가 발생하면 물속 산소의 양이 줄어들어 물고기, 조개 등이 숨을 쉴 수가 없어서 죽게 된단다.

| 산호초

확인해 봐요!

● 정답 13쪽

1 짚신벌레에 대한 설명에는 ( ) 안에 '짚신'이라고 쓰고, 해캄에 대한 설명에는 ( ) 안에 '해캄'이라고 쓰세요.

■ 길쭉한 모양이고, 바깥쪽에 털이 있다. ( )

■ 여러 가닥이 뭉쳐 있고, 머리카락 같은 모양이다. ( )

■ 선명한 초록색 알갱이들이 사선 모양으로 연결되어 있다. ( )

2 여러 원생생물을 나만의 분류 기준을 세워 분류해서 쓰세요.

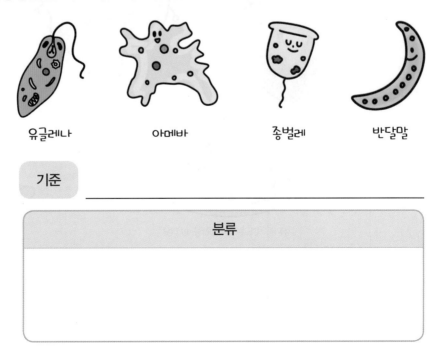

유글레나   아메바   종벌레   반달말

기준	

분류

세균의 특징

세균은 하나의 세포이고, 균류나 원생생물보다 크기가 더 작아 맨눈으로 볼 수 없어. 종류가 매우 다양한 세균은 하나씩 떨어져 있기도 하고 여러 개가 연결되어 있기도 해.

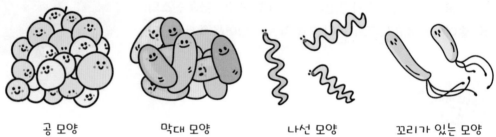

공 모양　　　막대 모양　　　나선 모양　　　꼬리가 있는 모양

세균은 배율이 높은 현미경을 이용해야 관찰할 수 있을 정도로 작기 때문에 우리가 모르는 사이에 주변의 많은 곳에서 이로운 영향과 해로운 영향을 주고 있어. 세균은 사람의 몸속에서도 살고 있는데, 감기나 장염과 같은 여러 질병들은 몸에 세균이 침투했다는 신호야.

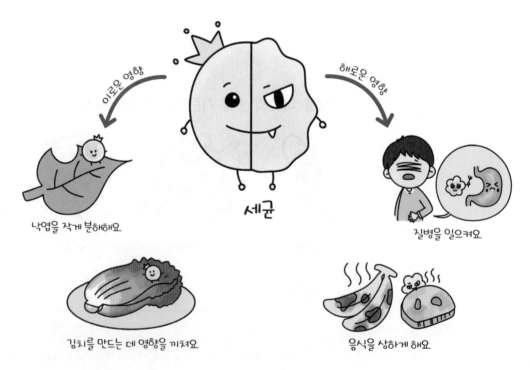

이로운 영향　　　해로운 영향

낙엽을 작게 분해해요.　　　질병을 일으켜요.

김치를 만드는 데 영향을 끼쳐요.　　　음식을 상하게 해요.

세균

도전! 초성 용어

①

눈으로 볼 수 없을 만큼 작고, 병을 일으키거나 부패 작용을 하는 세포가 하나뿐인 생물.

②

생물의 기본적인 단위로, 기능과 모양, 크기가 매우 다양함.

● 정답 13쪽

세균은 살기에 알맞은 조건이 되면 짧은 시간 안에 많은 수로 늘어날 수 있어. 이렇게 수가 늘어나는 과정에서 돌연변이가 나타나거나 새로운 형태의 세균이 만들어지기도 해.

참쌤이 들려주는 과학 이야기

매년 독감이 발생하는 이유

독감은 인플루엔자 바이러스에 의해 발생하는 급성 호흡기 질환 중 하나야. 흔히 '독한 감기'라고 생각하지만, 감기와는 다른 질병이야.

독감 바이러스는 A형, B형, C형으로 나누는데, 그 중 겨울철에는 A형(신종플루)과 B형이 많이 발생해.

바이러스가 몸에 침투하면 목이 아프고 기침이 나는 호흡기 증상과 두통, 발열, 근육통과 같은 전신 증상도 갑작스럽게 나타나게 돼.

독감의 예방법으로는 예방 주사가 대표적이고, 규칙적으로 생활하고, 운동을 해서 면역력을 키워야 해. 몸을 항상 깨끗하게 관리하는 것도 중요해.

확인해 봐요!

● 정답 13쪽

1 세균에 대해 옳게 말한 친구의 '좋아요 👍'에 ○표 하세요.

쌤 TALK

세균은 여러 개의 세포로 이루어져 있어.

세균은 공, 막대, 나선 등으로 모양이 다양해.

세균은 크기는 작지만, 번식하는 데 오랜 시간이 걸려.

2 세균이 우리 생활에 주는 이로운 영향과 해로운 영향을 한 가지씩 그리세요.

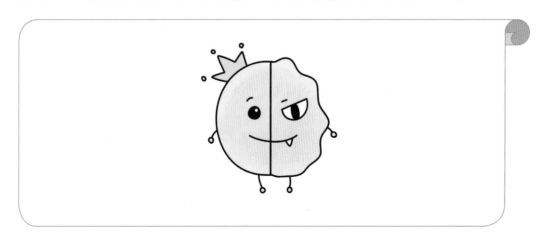

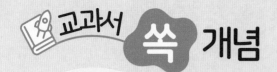
28 곰팡이와 버섯

1. 곰팡이와 버섯의 특징

① 식물과 생김새와 생활 방식이 다르며, 몸 전체가 균사로 이루어져 있다.

② 직접 양분을 만들지 못하고 다른 생물이나 사체, 음식에서 양분을 얻는다.

③ 균류: 몸 전체가 균사로 이루어져 있고 포자로 번식하는 생물이다.

맨눈으로 관찰한 모습		실체 현미경으로 관찰한 모습	
곰팡이	버섯	곰팡이	버섯

2. 곰팡이와 버섯이 사는 환경: 주로 따뜻하고 축축한 곳에서 잘 자라고 여름철에 많이 볼 수 있으며, 다른 생물이나 죽은 생물과 같이 양분을 얻을 수 있는 곳에 붙어서 산다.

3. 균류와 식물의 차이점과 공통점

구분	균류	식물
차이점	• 균사로 이루어져 있고 포자로 번식한다. • 다른 생물이나 죽은 생물에서 양분을 얻는다.	• 씨로 번식한다. • 뿌리, 줄기, 잎, 꽃 등의 기관이 있다. • 광합성을 해 스스로 영양분을 생산한다.
공통점	• 생물이며 모두 자라고 번식한다. • 살아가는 데 물과 공기 등이 필요하다.	

Speed o ✕

곰팡이는 다른 생물이나 사체에서 양분을 얻지만, 버섯은 직접 양분을 만든다.

● 정답 **13**쪽

29 짚신벌레와 해캄

1. 짚신벌레와 해캄의 특징

① 원생생물: 짚신벌레, 해캄과 같이 동물, 식물, 균류로 분류되지 않으며, 생김새가 단순한 생물이다.

② 주로 논, 연못과 같이 물이 고인 곳이나 도랑, 하천과 같이 물살이 느린 곳에서 산다.

구분	짚신벌레	해캄
특징	• 동물이 갖고 있는 눈, 코, 귀와 같은 감각 기관을 가지고 있지 않다. • 보통의 동물과 다른 모습을 하고 있다.	보통 식물이 가지고 있는 뿌리, 줄기, 잎 등의 특징을 가지고 있지 않다.

2. 광학 현미경으로 짚신벌레와 해캄 관찰하기

짚신벌레	해캄
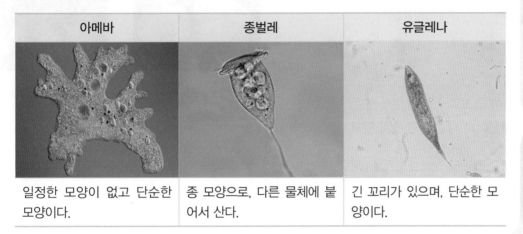• 길쭉한 모양이고, 바깥쪽에 가는 털이 있다. • 짚신과 모양이 비슷하다.	• 여러 개의 가는 선이 보이며 크기가 작고 둥근 초록색의 알갱이가 있다. • 마디로 나누어졌다.

3. 다양한 원생생물

아메바	종벌레	유글레나
일정한 모양이 없고 단순한 모양이다.	종 모양으로, 다른 물체에 붙어서 산다.	긴 꼬리가 있으며, 단순한 모양이다.

Speed ❌

해캄은 광합성을 하여 스스로 양분을 만들기 때문에 식물이다.

◉ 정답 13쪽

30 세균의 특징

1. 세균의 특징

① 세균: 하나의 세포이고, 균류나 원생생물보다 크기가 더 작고 생김새가 단순한 생물이다.

② 크기가 매우 작아서 맨눈으로 볼 수 없고, 배율이 높은 현미경을 사용해야 관찰할 수 있다.

③ 살기에 알맞은 조건이 되면 짧은 시간 안에 많은 수로 늘어난다.

④ 종류가 매우 많으며 우리 주변에 있는 땅이나 물, 다른 생물의 몸, 컴퓨터 자판이나 연필 같은 물체 등 다양한 곳에서 산다.

2. 세균의 생김새

① 생김새에 따라 공 모양, 막대 모양, 나선 모양 등이 있으며, 꼬리가 있는 세균도 있다.

② 하나씩 따로 떨어져 있거나 여러 개가 서로 연결되어 있기도 한다.

	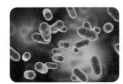		
공 모양의 세균	막대 모양의 세균	나선 모양의 세균	꼬리가 있는 세균

Speed ❌

세균은 우리 주변 어느 곳에나 있다.

◉ 정답 13쪽

곰팡이와 버섯

01 다음 빈칸에 들어갈 알맞은 말을 쓰시오.

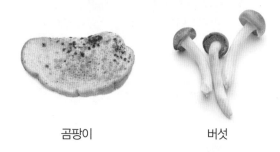

곰팡이   버섯

곰팡이, 버섯과 같이 스스로 양분을 만들지 못
하고 주로 죽은 생물이나 다른 생물에서 양분
을 얻는 생물을 (   )(이)라고 한다.

(   )

02 위 **01**번 답과 같은 생물의 특징으로 옳지
않은 것은 어느 것입니까? (   )

① 포자로 번식한다.
② 균사로 이루어져 있다.
③ 주로 여름철에 많이 볼 수 있다.
④ 식물과 같은 방법으로 양분을 얻는다.
⑤ 따뜻하고 축축한 환경에서 잘 자란다.

03 다음 중 버섯과 식물의 공통점을 찾아 기호를
쓰시오.

㉠ 포자로 번식한다.
㉡ 뿌리, 줄기, 잎이 있다.
㉢ 살아가는 데 물과 공기가 필요하다.

(   )

04 곰팡이가 잘 자랄 수 있는 환경의 특징을 쓰
시오.

_____

_____

짚신벌레와 해캄

[05~07] 다음은 광학 현미경으로 짚신벌레와 해캄
을 관찰한 모습입니다. 물음에 답하시오.

짚신벌레   해캄

05 위와 같이 동물, 식물, 균류로 분류되지 않으
며, 생김새가 단순한 생물을 무엇이라고 하는
지 쓰시오.

(   )

06 다음 중 짚신벌레와 해캄의 공통점으로 옳은 것은 어느 것입니까? (   )

① 스스로 움직인다.
② 뿌리, 줄기, 잎이 있다.
③ 전체적으로 초록빛을 띤다.
④ 눈, 코, 귀와 같은 감각 기관이 있다.
⑤ 물이 고인 곳이나 물살이 느린 곳에서 산다.

07 다음 중 앞의 **05**번 답에 해당하는 생물이 아닌 것은 어느 것입니까? (   )

①
아메바

②
종벌레

③
유글레나

④
공벌레

세균의 특징
08 세균에 대한 특징으로 옳지 않은 것에 ×표 하시오.

(1) 종류가 매우 많다.   (   )
(2) 우리 주변의 다양한 곳에서 산다. (   )
(3) 맨눈으로 관찰할 수 있는 크기이다.
                                                        (   )
(4) 균류나 원생생물보다 크기가 더 작다.
                                                        (   )

09 다음 세균들을 모양에 따라 구분하여 각각 기호를 쓰시오.

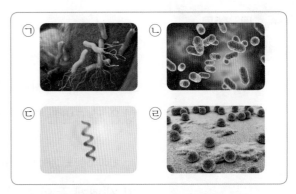

공 모양	막대 모양
(1)	(2)
나선 모양	꼬리가 있는 모양
(3)	(4)

10 다음 중 세균이 살기에 알맞은 조건이 되었을 때 일어날 수 있는 모습으로 알맞은 것은 어느 것입니까? (   )

① 다른 생물로 변한다.
② 세균이 모두 사라진다.
③ 한 종류의 세균으로 변한다.
④ 모두 나선 모양으로 변한다.
⑤ 짧은 시간 안에 많은 수로 늘어난다.

생태계

동물과 식물처럼 살아있는 것을 생물 요소, 공기나 물처럼 살아있지 않은 것을 비생물 요소라고 해. 이처럼 생물과 비생물이 서로 영향을 주고받는 것을 생태계라고 한단다.

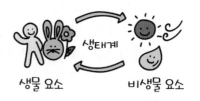

지구에는 강이나 호수 생태계, 도시 생태계, 사막 생태계, 갯벌 생태계, 습지 생태계 등의 다양한 생태계가 있어. 이러한 생태계에서 생물과 비생물은 서로 많은 영향을 주고받는단다.

| 숲 생태계 | 바다 생태계 | 갯벌 생태계 | 사막 생태계 |

생태계 요소 중 생물은 양분을 얻는 방법에 따라 3가지로 분류할 수 있어. 풀이나 나무와 같이 햇빛 등을 이용하여 스스로 양분을 만드는 생물을 생산자라고 해. 생산자와 달리 스스로 양분을 만들지 못하고 다른 생물을 먹이로 먹고 살아가는 생물을 소비자라고 해. 또 죽은 동식물을 분해해서 양분을 얻는 세균이나 곰팡이, 버섯과 같은 생물을 분해자라고 해.

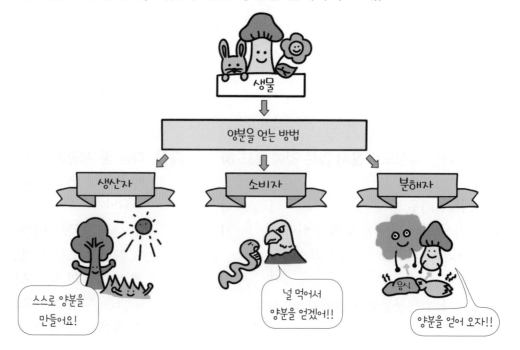

도전! 초성 용어

생명을 가지고 스스로 생활해 나가는 요소. ○○ 요소.

일정한 지역이나 환경에서 생물들이 서로 적응하고 상호 관계를 맺으며 균형과 조화를 이루는 자연의 세계.

정답 14쪽

과학 이야기

도시의 옥상 정원

도시에는 높은 건물과 많은 자동차가 있어서 공기가 탁하고 답답하다
고 느낄 수 있어. 요즘에는 도시 건물의 옥상에 식물을 많이 심어
정원을 만드는 것처럼 답답한 도시가 숨을 쉴 수 있게 도와주
는 공간들을 많이 만들고 있어. 옥상에 정원을 만들면 건물
의 온도가 내려가는 장점이 있어.
옥상 정원에 식물뿐만 아니라 다양한 생물들도 함께 키
우면 도시 안에 또하나의 작은 생태계가 생기는 거야.

확인해 봐요!

● 정답 14쪽

1 생태계 관련 그림을 보고, 각 그림이 나타내는 것을 보기 에서 골라 쓰세요.

보기

생태계   생물 요소   비생물 요소

(   )   (   )   (   )

2 생물을 3가지로 분류하여 마인드맵을 그리려고 해요. 생물을 분류한 기준을 쓰고, 빈 칸에 알맞은 그림을 그리세요.

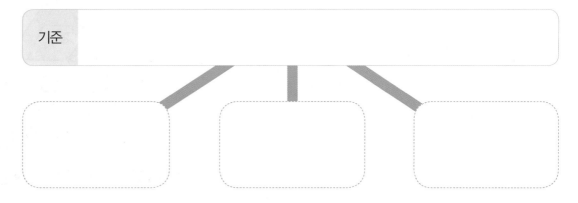

기준

생물의 먹고 먹히는 관계

생태계를 구성하는 생물들은 서로 먹고 먹히는 관계를 형성하고 있어. 메뚜기는 풀을 먹고, 개구리는 메뚜기를 먹고, 뱀이 개구리를 먹고, 그 뱀을 독수리가 먹어. 이처럼 생물 사이의 먹고 먹히는 관계가 마치 사슬처럼 연결되어 있는 것을 '먹이 사슬'이라고 해.

풀 메뚜기 개구리 뱀 독수리

메뚜기만 풀을 먹는 것이 아니라 토끼, 쥐 등의 동물도 풀을 먹어. 풀을 먹은 토끼를 독수리나 뱀이 먹기도 하지. 이렇게 여러 개의 먹이 사슬들이 서로 얽혀서 그물처럼 연결되어 있는 것을 '먹이 그물'이라고 해.

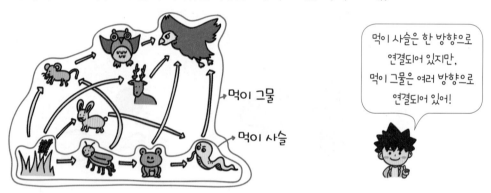

→ 먹이 그물

→ 먹이 사슬

먹이 사슬은 한 방향으로 연결되어 있지만, 먹이 그물은 여러 방향으로 연결되어 있어!

풀과 같은 생산자를 먹이로 하는 생물을 1차 소비자, 1차 소비자를 먹는 생물을 2차 소비자, 2차 소비자를 먹는 생물을 3차 소비자, 마지막 단계의 소비자를 최종 소비자라고 해. 먹이 사슬에 따라 먹을 수 있는 생물의 양을 표시하면 피라미드 모양이 되는데, 이것을 '생태 피라미드'라고 해. 생태 피라미드가 균형을 이루면서 유지되면 생태계 평형이 돼.

도전! 초성용어

① ㅅ ㅂ ㅈ

스스로 양분을 만들지 못하고 다른 생물을 먹고 살아가는 생물.

② ㅍ ㅎ

어느 쪽으로 치우치거나 기울어지지 않은 상태. 생태계 ○○.

●정답 14쪽

한 단계의 생물이 많아지면 어떻게 돼요?

생태계 평형이 깨지게 된단다.

→ 최종 소비자

→ 3차 소비자

→ 2차 소비자

→ 1차 소비자

→ 생산자

서로 도와주는 공생 관계의 생물들

생물들은 서로 먹고 먹히는 경쟁 관계만 있는 것은 아니야. 서로에게 도움을 주는 공생 관계의 생물들도 있어.

동박새는 동백나무의 꽃에서 꿀을 얻으면서 부리에 묻은 꽃가루를 다른 꽃으로 옮겨 주기 때문에 동백나무는 또 새로운 꽃을 피울 수 있단다.

납자루라는 물고기는 말조개에 알을 낳아 알을 적으로부터 보호하고, 말조개는 납자루의 몸에 자신의 새끼를 붙여서 납자루가 움직이면서 새끼를 멀리 이동시키지.

확인해 봐요!

● 정답 14쪽

1 먹이 사슬과 먹이 그물에 대해 잘못 말한 친구의 이름을 ☐ 안에 쓰세요.

먹이 사슬이 서로 얽혀 있는 것을 먹이 그물이라고 해.

정우

1차 소비자인 메뚜기를 먹는 참새는 3차 소비자라고 해.

진혁

생태 피라미드가 균형을 유지하면 생태계 평형이 돼.

다빈

2 어느 국립공원에서는 사슴이 풀을 먹고, 풀을 먹는 사슴을 늑대가 먹고 살아요. 만약 늑대의 수가 갑자기 줄어든다면 어떤 일이 일어날지 그림을 그리고, 설명을 쓰세요.

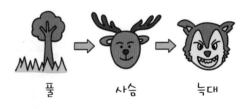

풀　　　사슴　　　늑대

생물의 환경 적응

숲, 사막, 바다 등과 같이 생물들이 양분을 얻고 번식을 하면서 사는 장소를 서식지라고 해. 생물이 서식지에 맞추어 살기에 유리한 특징으로 변하는 것을 적응이라고 해. 생물은 생김새와 생활 방식을 통해 환경에 적응한단다.

올빼미는 생김새로 적응한 대표적인 동물로 어두운 곳에서도 잘 볼 수 있도록 눈이 발달했어. 사막여우는 더운 사막에서 살기 위해 열을 밖으로 잘 내보낼 수 있도록 귀가 크게 발달했지.

철새는 생활 방식으로 적응한 동물로 추운 겨울 날씨를 피해 서식지를 옮겨. 다람쥐는 겨울잠을 자면서 몸에 저장된 양분을 천천히 사용하여 추운 겨울을 보내. 공벌레는 몸을 동그랗게 오므리는 행동을 통해 적으로부터 자신의 몸을 보호하도록 적응했어.

도전! 초성 용어

① ㅅ ㅅ ㅈ
생물들이 일정한 곳에 자리를 잡고 사는 곳.

② ㅈ ㅇ
생물이 환경에 맞추어 살아가는 현상.

●정답 14쪽

참쌤이 들려주는 과학이야기
사람이 환경에 적응하는 방법

동물들이 환경에 적응하는 것처럼 사람도 환경에 적응해서 몸이 달라지기도 해. 추운 북극에 사는 에스키모인과 더운 사막에 사는 사막인을 비교해 보면 에스키모인들은 피부 밑의 지방층을 두껍게 하여 추위로부터 몸을 따뜻하게 보호할 수 있어.
사막에 사는 사람들은 더운 날씨 때문에 몸에서 열을 많이 내보내기 위해 피부 밑 지방층이 얇게 적응해서 대부분 몸이 얇은 사람이 많아. 기후에 따라 사람의 몸무게와 형태도 조금씩 적응하는 거야.

확인해 봐요!

● 정답 14쪽

1 ○, × 퀴즈 대회에서 각 질문에 정답을 맞힐 수 있게 친구들이 들고 있는 정답판 □ 안에 ○, ×를 표시하세요.

1번 문제
철새들은 추운 겨울에도 한 곳에서 계속 생활한다.

2번 문제
사막여우의 큰 귀는 사막 환경에 적응한 것이다.

3번 문제
겨울잠을 자는 동물은 생활 방식을 바꿔 적응한 것이다.

2 각 환경에 적응하여 살아가는 생물들의 모습을 그리세요.

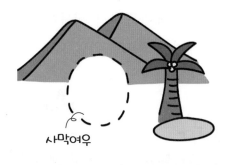
사막여우

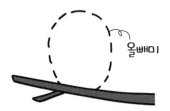
올빼미

공벌레

다람쥐

환경 오염

사회가 발전하면서 우리는 점점 편리한 생활을 하게 되었어. 동시에 쓰레기, 자동차의 매연, 농약의 사용 등이 늘어나 환경은 점점 오염되었지. 대기 오염, 수질 오염, 토양 오염이 생태계에 어떤 영향을 미치는지 알아보자.

대기 오염의 원인이 되는 황사와 미세 먼지는 동물과 사람의 호흡기에 문제를 일으켜. 자동차의 매연은 생물이 성장하는 것을 방해하지. 공장이나 발전소에서 뿜어내는 많은 양의 이산화 탄소는 지구의 기온을 점점 높아지게 해.

수질 오염에서 심각한 것은 녹조 현상이야. 녹조 현상은 강, 호수에서 남조류가 과도하게 늘어나 물이 짙은 녹색으로 변하는 거야. 녹조 현상이 생기면 강으로 들어오는 빛과 공기가 차단되어 강이 오염되고, 강에 사는 물고기들이 숨을 쉬지 못해서 죽기도 한

단다. 또 기름을 싣고 가는 배에서 기름이 흘러 나가 바다가 오염되기도 해.

토양 오염은 농약의 사용과 각종 쓰레기로 심각해지고 있어. 토양이 오염되면 땅이 기름지지 못하고 메마르면서 식물이나 농작물이 땅에서 제대로 자라지 못하게 돼. 또 쓰레기가 썩으면 주변에서 심한 악취가 나기도 해.

도전! 초성용어

ㅎ ㄱ

생물에게 영향을 주는 자연적 조건이나 사회적 상황.

ㅇ ㅇ

더럽게 물듦. 황사와 미세 먼지 때문에 대기가 ○○ 됨.

●정답 14쪽

참쌤이 들려주는 과학 이야기

몸에 해로운 미세 먼지

공기 중에 떠다니는 미세 먼지는 우리에게 해로운 영향을 주고 있어. 미세 먼지의 크기는 머리카락 두께의 $\frac{1}{5}$ 정도로 매우 작아서 우리 몸속 깊숙이 들어오기 때문에 크기가 큰 먼지보다 더 위험해. 몸속으로 들어온 미세 먼지는 폐에 붙어서 숨 쉬기 힘들게 하는 등 병을 일으키기도 해. 또 미세 먼지가 눈에 들어가면 눈병이 생기기도 하지. 미세 먼지가 많은 날에는 바깥 활동을 줄이고 외출할 때는 마스크를 꼭 쓰도록 해야 한단다.

확인해 봐요!

● 정답 **14**쪽

1 환경 오염의 원인과 오염이 생태계에 미치는 영향을 바르게 선으로 이으세요.

쓰레기 매립	•		•	물고기가 숨을 쉬기 힘들다.
녹조 현상	•		•	땅이 메마른다.
공장의 이산화 탄소	•		•	지구의 기온이 높아진다.

2 다음은 환경 오염을 막지 못한 미래에서 보낸 사진이에요. 환경 오염으로 생태계가 파괴된 모습을 상상하며 사진 속에 자유롭게 표현해 보세요.

환경 오염이 심해지면 어떻게 될까?

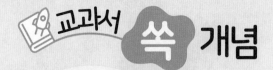
31 생태계

1. **생태계**: 어떤 장소에서 서로 영향을 주고받는 생물 요소와 비생물 요소를 말한다.

생물 요소	비생물 요소
살아 있는 것 예 사람, 개, 민들레, 개미	살아 있지 않은 것 예 햇빛, 공기, 물, 흙

2. **생물 요소**: 양분을 얻는 방법에 따라 생산자, 소비자, 분해자로 구분할 수 있다.

생산자	소비자	분해자
햇빛 등을 이용하여 살아가는 데 필요한 양분을 스스로 만드는 생물 예 감나무, 민들레, 벼	스스로 양분을 만들지 못하고, 다른 생물을 먹이로 하여 살아가는 생물 예 개미, 뱀, 개구리	죽은 생물이나 배출물을 분해하여 양분을 얻는 생물 예 곰팡이, 세균

Speed ○✕

생태계의 비생물 요소에는 생산자, 소비자, 분해자가 있다.

◦ 정답 15쪽

32 생물의 먹고 먹히는 관계

1. **먹이 사슬과 먹이 그물**

① 먹이 사슬: 생태계에서 생물 먹이 관계가 사슬처럼 연결되어 있는 것이다.

② 먹이 그물: 생태계에서 여러 개의 먹이 사슬이 얽혀 그물처럼 연결되어 있는 것이다.

③ 생태계의 먹이 그물과 같이 먹고 먹히는 관계가 서로 얽혀 있으면 유리한 점: 어느 한 종류의 먹이가 부족하더라도 다른 먹이를 먹고 살 수 있기 때문에 여러 생물들이 함께 살아가기에 유리하다.

▲ 먹이 그물

2. **생태 피라미드**

① 생태 피라미드: 먹이 단계별로 생물의 수를 쌓아 올리면 먹이 단계가 올라갈수록 줄어드는 피라미드 모양을 이루는 것이다.

② 생태계에서 먹이 단계가 올라갈수록 생물들의 수가 줄어든다.

③ 생태계 평형: 어떤 지역에 살고 있는 생물의 종류와 수 또는 양이 균형을 이루며 안정된 상태를 유지하는 것이다.

최종 소비자(매)

2차 소비자(개구리)

1차 소비자(메뚜기)

생산자(벼)

▲ 생태 피라미드

Speed ○✕

생태계에서 여러 개의 먹이 사슬이 얽혀 그물처럼 연결되어 있는 것을 생태 피라미드라고 한다.

◦ 정답 15쪽

33 생물의 환경 적응

1. **적응**: 특정한 서식지에서 오랜 기간에 걸쳐 살아남기에 유리한 특징이 자손에게 전달되는 것을 말한다.

2. **생물의 생김새가 환경에 적응한 예**

선인장	대벌레	밤송이
굵은 줄기와 뾰족한 가시로 건조한 환경에 적응되었다.	가늘고 길쭉한 생김새를 통해 나뭇가지가 많은 환경에서 몸을 숨기기에 유리하게 적응되었다.	가시를 통해 밤을 먹으려고 하는 적에게서 밤을 보호하기 유리하게 적응되었다.

3. **생물의 생활 방식이나 행동이 환경에 적응한 예**

철새	다람쥐	공벌레
다른 지역으로 이동하는 행동을 통해 계절별 온도 차가 큰 환경에서 적응되었다.	겨울잠을 자는 행동을 통해 추운 겨울을 지내기 유리하게 적응되었다.	오므리는 행동을 통해 적의 공격에서 몸을 보호하기 유리하게 적응되었다.

Speed ✕

공벌레가 몸을 오므리는 행동은 적응의 결과이다.

● 정답 15쪽

34 환경 오염

1. **환경 오염**: 사람들의 활동으로 자연환경이나 생활 환경이 더럽혀지거나 훼손되는 현상을 말한다.

① 여러 가지 환경 오염을 일으키는 원인

환경 오염	대기 오염(공기 오염)	수질 오염(물 오염)	토양 오염(흙 오염)
원인	자동차나 공장에서 발생되는 매연 등	폐수의 배출, 기름 유출 사고 등	쓰레기 배출, 농약이나 비료의 지나친 사용 등

② 환경 오염이 생물에 미치는 영향: 환경이 오염되면 그곳에 살고 있는 생물의 종류와 수가 줄어들거나 심지어 생물이 멸종되기도 한다.

2. **생태계를 보전하기 위해 우리가 해야 할 일**

① 일회용품 사용을 줄이고, 쓰레기를 분리배출한다.

② 샴푸 등 합성세제 사용을 줄이고, 대중교통을 이용한다.

Speed ✕

환경 오염으로 인해 생태계 평형이 깨질 수도 있다.

● 정답 15쪽

생태계

01 다음 생태계 구성 요소를 생물 요소와 비생물 요소로 분류하여 각각 기호를 쓰시오.

> ㉠ 물　　㉡ 붕어　　㉢ 공기
> ㉣ 곰팡이　㉤ 느티나무　㉥ 배추흰나비

생물 요소	비생물 요소
(1)	(2)

02 다음 중 살아가는 데 필요한 양분을 얻는 방법이 나머지와 다른 하나는 어느 것입니까?
(　　)

①
참새

②
배추

③
느티나무

④
부들

생물의 먹고 먹히는 관계

03 다음과 같이 생태계에서 생물의 먹이 관계가 사슬처럼 연결되어 있는 것을 무엇이라고 하는지 쓰시오.

벼　　메뚜기　　개구리　　매

(　　　　　)

04 다음과 같이 생물들이 먹고 먹히는 관계가 서로 얽혀 있으면 유리한 점은 무엇인지 쓰시오.

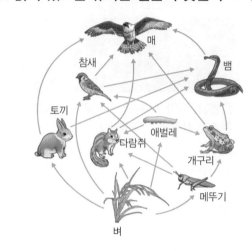
매　뱀　참새　토끼　다람쥐　애벌레　개구리　메뚜기　벼

_____

_____

[05~06] 다음 생태 피라미드를 보고 물음에 답하시오.

㉠

05 위 ㉠의 메뚜기와 같이 생산자를 먹이로 하는 생물을 무엇이라고 하는지 쓰시오.
(　　　　　)

06 앞의 생태 피라미드에 대한 설명으로 옳지 <u>않은</u> 것을 골라 기호를 쓰시오.

> ㉠ 생산자의 수가 1차 소비자의 수보다 많다.
> ㉡ 먹이 단계별로 생물들의 수를 쌓아 올린 것이다.
> ㉢ 생태계에서 생물들의 수는 먹이 단계가 올라갈수록 늘어난다.

( )

생물의 환경 적응

07 다음 빈칸에 들어갈 알맞은 말은 어느 것입니까? ( )

> 특정한 서식지에서 오랜 기간에 걸쳐 살아남기에 유리한 특징이 자손에게 전달되는 것을 ( )(이)라고 한다.

① 번식 ② 적응
③ 생태계 ④ 생물 요소
⑤ 생태계 평형

08 다음 선인장이 건조한 환경에 적응된 특징을 모두 찾아 ○표 하시오.

(1) 줄기가 굵다. ( )
(2) 잎이 넓고 얇다. ( )
(3) 잎이 뾰족한 가시 모양이다. ( )

09 다음 중 생물의 생김새가 환경에 적응한 예로 알맞은 것은 어느 것입니까? ( )

①
다른 지역으로 이동하는 철새

②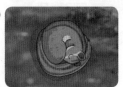
겨울잠을 자는 다람쥐

③
가늘고 길쭉한 대벌레의 몸

④
몸을 오므리는 공벌레

환경 오염

10 다음 중 생태계를 보전하기 위해 우리가 해야 할 일로 옳지 <u>않은</u> 것은 어느 것입니까?
( )

① 나무를 많이 심는다.
② 쓰레기를 분리배출한다.
③ 일회용품 사용을 줄인다.
④ 샴푸 등 세제의 사용을 줄인다.
⑤ 가까운 거리도 자동차를 타고 다닌다.

관련 단원 | **6학년** 식물의 구조와 기능

식물 세포와 동물 세포

생물을 구성하는 기본적인 단위를 세포라고 해. 모든 생물은 세포로 이루어져 있지. 세포는 대부분 크기가 매우 작아 맨눈으로는 볼 수 없으므로 현미경을 사용하여 관찰할 수 있어.

세포를 이루는 구조에 대해 살펴볼까? 핵은 각종 유전 정보를 포함하고 있으며 생명 활동을 조절하는 부분이야. 세포막은 세포 내부와 외부를 드나드는 물질의 출입을 조절하지. 식물 세포에만 있는 세포벽은 세포의 모양을 일정하게 유지하고 세포를 보호해.

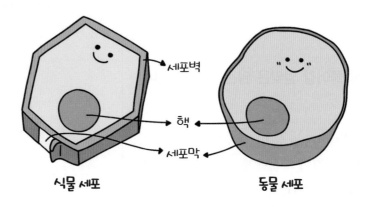

식물 세포와 동물 세포의 공통점은 핵과 세포막이 있으며, 크기가 매우 작아 맨눈으로 관찰하기 어렵다는 거야.

초성 용어

① ㅅ ㅍ

생물의 몸을 구성하는 기본적인 단위. 모든 생물은 ○○로 이루어져 있음.

② ㅅ ㅍ ㅂ

가장 바깥쪽에서 식물 세포를 둘러싸고 있으며, 세포의 모양을 일정하게 유지하고 세포를 보호하는 것. 동물 세포에는 없음.

● 정답 15쪽

세포는 크기와 모양이 다양하고 그에 따라 하는 일도 달라. 식물 세포는 세포벽과 세포막으로 둘러싸여 있고 그 안에는 핵이 있어. 반면, 동물 세포에는 세포막과 핵은 있지만 식물 세포와 다르게 세포벽이 없지.

세상에서 가장 큰 세포

세포는 모두 현미경으로만 관찰할 수 있을 정도로 작을까?
꼭 그렇지만은 않아. 우리 눈에 보이는 크기가 큰 세포도 있어.
대표적으로 달걀이 있지. 달걀은 하나의 세포로 이루어져 있
단다. 마찬가지로 다른 동물들의 알도 하나의 세포로 볼
수 있지. 그렇다면 이런 관점으로 볼 때 세상에서 가장 큰
세포는 무엇일까?
알 중에서 가장 큰 타조의 알이 세상에서 가장 큰 세포야.

● 정답 **15**쪽

1 다음은 식물 세포와 동물 세포의 모습이에요. 세포를 이루는 구조의 이름을 빈칸에
써넣으세요.

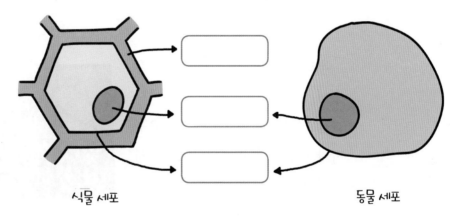

식물 세포   동물 세포

2 지원이는 양파의 표피 세포를 관찰하려고 해요. 양파의 표피 세포는 식물 세포와 동
물 세포 중 어떤 세포인지 쓰고, 현미경을 통해 볼 수 있는 양파 표피 세포의 모습을
그려 넣으세요.

관련 단원 | **6학년** 식물의 구조와 기능

뿌리와 줄기가 하는 일

여러 갈래로 갈라진 나무의 뿌리를 본 적 있니? 우리가 먹는 무, 고구마, 당근도 식물의 뿌리에 해당하는 부분이야. 뿌리는 굵고 곧은 뿌리에 가는 뿌리들이 나 있는 것과 굵기가 비슷한 뿌리가 여러 가닥으로 수염처럼 나 있는 것, 양분을 뿌리에 저장하여 뿌리가 굵은 것 등 생김새가 다양해.

고추나 민들레가 이런 뿌리를 가지고 있어.

파나 강아지풀이 이런 뿌리를 가지고 있어.

굵고 곧은 뿌리에 가는 뿌리들이 나 있는 것

굵기가 비슷한 뿌리가 여러 가닥으로 수염처럼 나 있는 것

뿌리는 땅속으로 뻗어 물을 흡수해. 뿌리에는 뿌리털이 있어서 물을 더 잘 흡수할 수 있어. 고구마나 당근처럼 뿌리에 양분을 저장하기도 해. 또 강한 바람에도 쓰러지지 않도록 식물을 지지하는 기능이 있단다.

뿌리의 흡수 기능

뿌리의 저장 기능

뿌리의 지지 기능

도전! **초성용어**

①

식물이 물과 양분을 몸 안으로 빨아들이는 것.

②

어떤 물건을 받치거나 버팀.

● 정답 16쪽

줄기는 물을 이동시켜.

줄기는 굵고 곧은 것, 가늘고 길어서 다른 물체를 감는 것, 땅 위를 기는 듯이 뻗는 것 등 다양한 생김새가 있어. 줄기는 뿌리에서 흡수한 물을 잎과 꽃 등 식물 전체로 이동시켜. 또한 식물을 지지하고, 감자처럼 양분을 저장하기도 하지. 감자는 뿌리라고 생각하기 쉽지만 사실 줄기야.

참쌤이 들려주는 과학이야기

콩에 영양분이 많은 까닭

콩은 영양분이 많은 식물로 알려져 있어. 콩에 영양분이 많은 까닭은 무엇일까?
바로 콩이 자랄 때 '뿌리혹박테리아'의 도움을 받기 때문이야.
뿌리혹박테리아는 식물의 뿌리에 혹 모양으로 붙어서 사는 세균의 한 종류로,
콩이 자라는 데 도움이 되는 질소 성분을 전달한다고 해.
그렇기 때문에 콩 속에 단백질이 듬뿍 담겨져 있는 것이란다.

확인해 봐요!

● 정답 16쪽

1 다음 중 뿌리가 하는 일이 <u>아닌</u> 것에 ×표 하세요.

물을 흡수해요.   양분을 저장해요.   물을 증발시켜요.
(   )   (   )   (   )

2 뿌리와 줄기가 하는 일을 각각의 말풍선에 써넣으세요.

내가 하는 일은

내가 하는 일은

비주얼 씽킹 37

관련 단원 | 6학년 식물의 구조와 기능

잎이 하는 일

식물은 스스로 필요한 양분을 만들어. 식물이 빛과 이산화 탄소, 뿌리에서 흡수한 물을 이용하여 스스로 양분을 만드는 것을 광합성이라고 해. 광합성은 주로 잎에서 일어나. 잎에서 만든 녹말과 같은 양분은 줄기를 거쳐 뿌리, 줄기, 열매 등 필요한 부분으로 운반되어 사용되거나 저장되지.

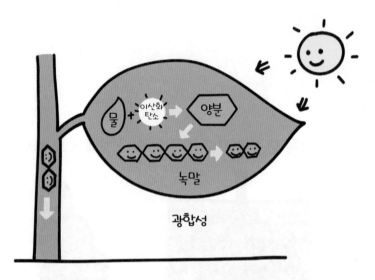

그렇다면, 뿌리에서 흡수한 물은 모두 광합성에 사용될까? 그건 아니야. 식물의 잎 표면에는 우리 눈에 보이지 않는 작은 구멍인 기공이 있어. 잎에 도달하여 광합성에 이용되고 남은 물은 기공을 통해 식물 밖으로 빠져나가게 된단다. 이것을 증산 작용이라고 하지. 증산 작용은 뿌리에서 흡수한 물을 식물의 꼭대기까지 끌어올릴 수 있도록 돕고 식물의 온도를 조절하는 역할을 해.

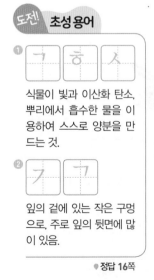

도전! 초성용어

① ㄱ ㅎ ㅅ

식물이 빛과 이산화 탄소, 뿌리에서 흡수한 물을 이용하여 스스로 양분을 만드는 것.

② ㄱ ㄱ

잎의 겉에 있는 작은 구멍으로, 주로 잎의 뒷면에 많이 있음.

● 정답 16쪽

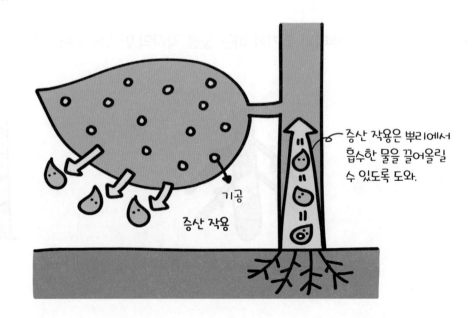

증산 작용은 뿌리에서 흡수한 물을 끌어올릴 수 있도록 도와.

 **참쌤이 들려주는 과학이야기**

선인장의 가시

선인장의 가시는 식물의 어떤 부분일까? 바로 잎이 가시로 변한 거야.
선인장이 사는 사막과 같은 건조한 지역에서는 식물에 있는 물이 증발되는
것을 최대한 막아야 해.
따라서 증산 작용이 일어나지 않도록 잎의 모양이 가시 형태이고, 낮에는 주
로 기공을 닫지. 이것이 선인장이 사막에서 적은 양의 물로 살 수 있는 까닭이야.
또한 가시는 동물들이 선인장을 먹지 못하도록 보호해서 줄기의 손상 등을 막아
주기도 하지.

 확인해 봐요!

● 정답 **16**쪽

1 다윤이가 광합성에 대해서 설명하고 있어요. 빈칸에 들어갈 알맞은 말을 모두 써넣으
세요.

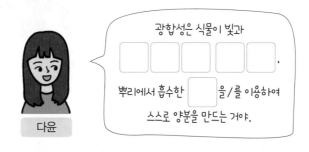

광합성은 식물이 빛과
☐ ☐ ☐ ☐ ☐ ,
뿌리에서 흡수한 ☐ 을/를 이용하여
스스로 양분을 만드는 거야.

다윤

2 식물이 흡수한 물이 기공을 통해 식물 밖으로 빠져나가는 증산 작용의 과정을 아래에
그려서 나타내세요.

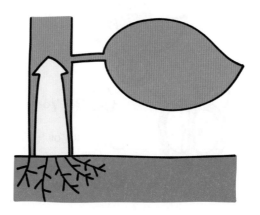

관련 단원 | **6학년** 식물의 구조와 기능

꽃과 열매가 하는 일

대부분의 꽃은 암술, 수술, 꽃잎, 꽃받침으로 이루어져 있어. 암술은 꽃가루받이를 거쳐 씨를 만드는 곳이고, 수술은 꽃가루를 만들지. 꽃잎은 암술과 수술을 보호하고 곤충을 유인하여 꽃가루받이가 잘 이루어지도록 해. 꽃받침은 꽃잎을 보호하지. 하지만 수세미오이꽃이나 호박의 꽃처럼 암술, 수술, 꽃잎, 꽃받침 중 일부가 없는 것도 있어.

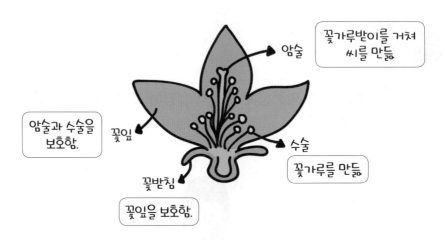

암술 — 꽃가루받이를 거쳐 씨를 만듦

암술과 수술을 보호함.

꽃잎

수술 — 꽃가루를 만듦

꽃받침

꽃잎을 보호함.

꽃은 씨를 만드는 일을 해. 씨를 만들기 위해서 수술에서 만든 꽃가루를 암술로 옮겨야 하는데, 이것을 꽃가루받이 또는 수분이라고 하지. 꽃가루받이가 된 암술 속에서는 씨가 생겨 자라고, 씨를 싸고 있는 암술이나 꽃받침 등이 함께 자라 열매가 돼.

꽃가루받이(수분)

암술

도전! 초성 용어

ㅅ ㅂ

수술에서 만든 꽃가루를 암술로 옮기는 것. 곤충, 새, 바람, 물 등의 도움으로 이루어지며, 꽃가루받이와 같은 말임.

ㅇ ㅁ

꽃가루받이가 된 암술 속에서 씨가 생겨 자라는 동안 씨를 싸고 있는 암술이나 꽃받침 등이 함께 자라서 생기는 것.

●정답 16쪽

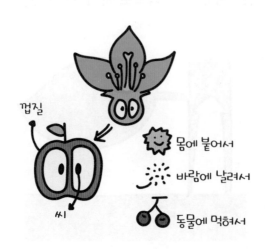

껍질

씨

몸에 붙어서

바람에 날려서

동물에 먹혀서

열매는 어린 씨를 보호하고, 씨를 멀리 퍼뜨리는 일을 해. 식물이 씨를 퍼뜨리는 방법에는 도깨비바늘처럼 갈고리가 있어 동물의 털이나 사람의 옷에 붙어서 퍼지는 경우, 민들레처럼 바람에 날리는 경우, 동물이 열매를 먹으면 씨가 똥으로 나와 퍼지는 경우 등이 있어.

참쌤이 들려주는
과학 이야기

바람에 의한 꽃가루받이를 하는 식물

화려하고 향기를 가진 꽃은 곤충을 유인하여 꽃가루받이를 할 수 있어. 그렇다면 화려한 모양이나 향기를 가지지 않은 꽃은 어떻게 꽃가루받이를 할까? 벼의 꽃가루는 양이 많고 끈적거리지 않아서 바람을 타고 잘 날아가. 소나무도 봄이 되면 꽃가루인 송화 가루를 바람에 날려 보내지. 이처럼 곤충을 이용하지 않고 꽃가루받이를 하는 식물도 많단다.

확인해 봐요!

● 정답 16쪽

1 다음 꽃의 구조에서 암술, 꽃잎, 수술, 꽃받침이 하는 일을 각각 써넣으세요.

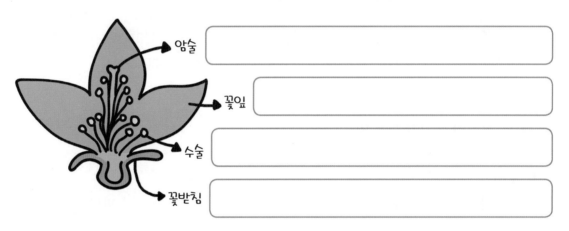

암술 [ ]

꽃잎 [ ]

수술 [ ]

꽃받침 [ ]

2 다음 식물들의 모습을 잘 보고, 각 식물이 씨를 퍼뜨리는 방법에 대하여 쓰세요.

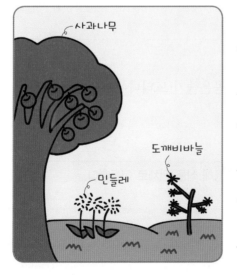

사과나무
도깨비바늘
민들레

• 사과나무: _____

_____

• 민들레: _____

_____

• 도깨비바늘: _____

_____

35 식물 세포와 동물 세포

1. 세포

① 모든 생물은 세포로 이루어졌으며, 세포는 대부분 매우 작아 맨눈으로는 볼 수 없다.

② 세포는 크기와 모양이 다양하고 그에 따라 하는 일도 다르다.

③ 식물 세포 관찰하기

핵	생명 활동을 조절하고, 각종 유전 정보를 포함한다.
세포막	세포 내부와 외부를 드나드는 물질의 출입을 조절한다.
세포벽	세포를 보호하고, 세포의 모양을 일정하게 유지시킨다.

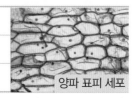

양파 표피 세포

2. 식물 세포와 동물 세포의 공통점과 차이점

공통점	핵과 세포막이 있고, 크기가 매우 작아 맨눈으로 관찰하기 어렵다.
차이점	식물 세포에는 세포벽이 있고, 동물 세포에는 세포벽이 없다.

Speed O ✕

식물 세포에는 세포벽
이 있지만 동물 세포에
는 없다.

● 정답 16쪽

36 뿌리와 줄기가 하는 일

1. 뿌리

① 고추나 민들레처럼 굵고 곧은 뿌리에 가는 뿌리들이 난 것이 있고, 파나 강아지풀처럼 굵기가 비슷한 뿌리가 여러 가닥으로 수염처럼 난 것이 있다.

② 뿌리가 하는 일

흡수 기능	뿌리는 땅속으로 뻗어 물을 흡수하는데, 뿌리털은 물을 더 잘 흡수하도록 해 준다.
저장 기능	무, 고구마, 당근 등은 양분을 뿌리에 저장하기 때문에 뿌리가 굵고 달다.
지지 기능	뿌리는 땅속으로 뻗어 식물을 지지한다.

2. 줄기

① 줄기는 식물의 종류에 따라 생김새가 다르다. ㉐ 곧은줄기(느티나무), 감는줄기(나팔꽃), 기는줄기(고구마)

② 줄기가 하는 일

이동 기능	뿌리에서 흡수한 물은 줄기에 있는 통로를 통해 식물 전체로 이동한다.
지지 기능	줄기는 식물을 지지한다.
저장 기능	줄기는 감자처럼 양분을 저장하기도 한다.

Speed O ✕

감자는 뿌리에 양분을
저장한다.

● 정답 16쪽

37 잎이 하는 일

1. **광합성**: 식물이 빛, 이산화 탄소, 물을 이용하여 스스로 양분을 만드는 것을 말하고, 광합성은 주로 잎에서 일어나며, 잎에서 만든 양분은 줄기를 거쳐 뿌리, 줄기, 열매 등 필요한 부분으로 운반되어 사용되거나 저장된다.

교과서 실험 🔬 잎에서 만든 양분 확인하기

과정
❶ 고추 모종 두 개를 빛이 잘 드는 곳에 두고 모종 한 개에는 어둠상자를 씌우고, 다른 한 개에는 씌우지 않는다.
❷ 다음 날 각 모종에서 딴 잎을 알코올에 담갔다가 물로 헹군 뒤 아이오딘–아이오딘화 칼륨 용액을 떨어뜨린다.

빛을 받지 않은 잎 / 빛을 받은 잎

결과 빛을 받은 잎만 청람색으로 변했다. ➡ 아이오딘–아이오딘화 칼륨 용액이 녹말과 만났을 때 청람색으로 변하므로 빛을 받은 잎에서만 녹말이 만들어진 것을 알 수 있다.

2. **증산 작용**: 잎에 도달한 물이 기공을 통해 식물 밖으로 빠져나가는 것을 말한다.
① 뿌리에서 흡수한 물은 줄기를 거쳐 잎에 도달한 후 일부는 광합성에 이용된다.
② 잎에 도달한 물 중 광합성에 이용되지 않는 물의 대부분은 식물 밖으로 빠져나간다.

Speed O✗
광합성을 통해 잎에서 만들어진 양분은 녹말이다.
☐ ●정답 16쪽

38 꽃과 열매가 하는 일

1. 꽃

① 꽃은 대부분 암술, 수술, 꽃잎, 꽃받침으로 이루어져 있다.

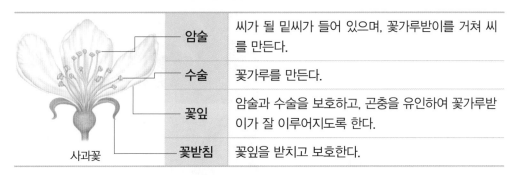

암술	씨가 될 밑씨가 들어 있으며, 꽃가루받이를 거쳐 씨를 만든다.
수술	꽃가루를 만든다.
꽃잎	암술과 수술을 보호하고, 곤충을 유인하여 꽃가루받이가 잘 이루어지도록 한다.
꽃받침	꽃잎을 받치고 보호한다.

사과꽃

② **꽃가루받이**: 씨를 만들기 위해 수술에서 만든 꽃가루를 암술로 옮기는 것을 말한다.

곤충에 의한 꽃가루받이	새에 의한 꽃가루받이	바람에 의한 꽃가루받이	물에 의한 꽃가루받이
예 코스모스, 연꽃	예 동백나무, 바나나	예 벼, 소나무, 옥수수	예 검정말, 물수세미

2. 열매

① **열매가 하는 일**: 열매는 어린 씨를 보호하고, 씨가 익으면 멀리 퍼뜨리는 일을 한다.
② **열매가 만들어지는 과정**: 꽃가루받이가 된 암술 속에서는 씨가 생겨 자라고, 씨가 자라는 동안 씨를 싸고 있는 암술이나 꽃받침 등이 함께 자라서 열매가 된다.

Speed O✗
꽃의 암술에서 만들어진 꽃가루가 수술로 옮겨져 꽃가루받이가 일어난다.
☐ ●정답 16쪽

식물 세포와 동물 세포

01 다음 그림을 보고 식물 세포에는 있지만 동물 세포에는 없는 ㉠의 이름을 쓰시오.

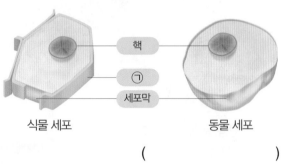

핵

㉠

세포막

식물 세포   동물 세포

(   )

02 다음 중 광학 현미경으로 양파 표피 세포를 관찰한 모습은 어느 것입니까? (   )

①   ②

③   ④

뿌리와 줄기가 하는 일

03 다음 고구마와 당근 뿌리가 굵고 단맛이 나는 까닭은 무엇인지 뿌리가 하는 일과 관련지어 쓰시오.

고구마   당근

_____

_____

04 다음 식물의 줄기에 맞게 선으로 이으시오.

느티나무   •   • 곧은줄기

나팔꽃   •   • 기는줄기

고구마   •   • 감는줄기

05 오른쪽의 감자는 식물의 구조 중 어느 부분에 양분을 저장하는지 쓰시오.

(   )

잎이 하는 일

06 다음과 같이 식물이 빛, 이산화 탄소, 물을 이용하여 스스로 양분을 만드는 것을 무엇이라고 합니까? (　　　)

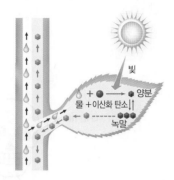

① 소화　　　　　② 연소
③ 기공　　　　　④ 광합성
⑤ 증산 작용

07 다음은 식물의 증산 작용에 대한 설명입니다. 빈칸에 들어갈 알맞은 말을 쓰시오.

> 뿌리에서 흡수한 물은 잎에 도달하여 양분을 만드는 데 이용되고 남은 물은 (　　　)을/를 통하여 식물 밖으로 빠져나간다.

(　　　　　　　)

꽃과 열매가 하는 일

08 다음 중 꽃의 구조와 역할을 바르게 짝 지은 것은 어느 것인지 기호를 쓰시오.

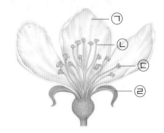

> ㉠ 꽃잎 – 꽃가루를 만든다.
> ㉡ 수술 – 꽃가루받이를 거쳐 씨를 만든다.
> ㉢ 암술 – 수술을 보호한다.
> ㉣ 꽃받침 – 꽃잎을 보호한다.

(　　　　　　　)

09 다음 중 바람에 의해 꽃가루받이가 일어나는 식물이 <u>아닌</u> 것은 어느 것입니까? (　　　)

① 벼　　　　　　② 검정말
③ 소나무　　　　④ 옥수수

10 다음은 열매가 자라는 과정을 순서에 관계없이 나열한 것입니다. 순서대로 기호를 쓰시오.

> ㉠ 암술 속에서 씨가 생겨 자란다.
> ㉡ 꽃가루받이가 일어난다.
> ㉢ 씨를 싸고 있는 암술이나 꽃받침 등이 함께 자라서 열매가 된다.

(　　　) → (　　　) → (　　　)

비주얼 씽킹 39

참쌤 동영상

관련 단원 | 6학년 우리 몸의 구조와 기능

뼈와 근육

우리 몸의 뼈는 몸을 지탱하고 내부 기관들을 보호하며, 몸이 움직일 수 있도록 하는 역할을 해. 뼈가 하는 일을 알아볼까?

먼저 머리뼈는 바가지와 비슷한 모양을 하고 있으며, 뇌를 감싸서 보호해.

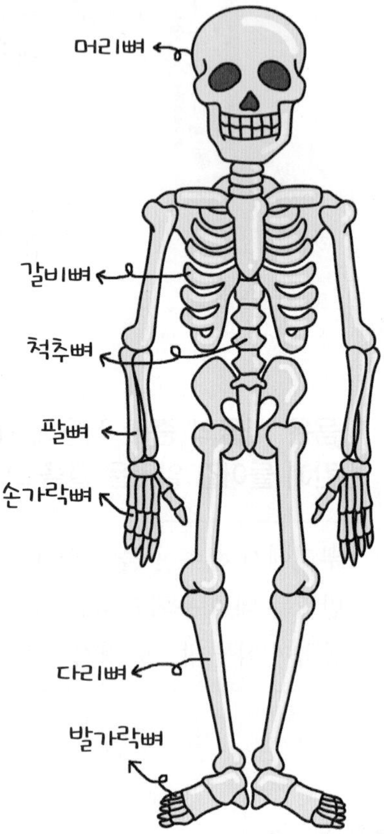

머리뼈
갈비뼈
척추뼈
팔뼈
손가락뼈
다리뼈
발가락뼈

다음으로 머리뼈에서 이어지는 척추뼈는 몸을 지탱하고 신경계를 보호하지.

갈비뼈는 심장과 폐를 둥글게 감싸서 보호한단다.

팔과 손의 뼈는 관절이 많아 구부리거나 펴는 활동을 꼼꼼하게 할 수 있어.

마지막으로 다리와 발의 뼈는 우리 몸이 땅에 서 있을 수 있게 하고, 이동할 수 있도록 하지.

우리 몸의 다양한 뼈들이 움직이기 위해서는 뼈에 연결된 근육이 먼저 움직여야 해. 근육이 늘어나거나 줄어들면서 뼈가 움직이게 되고, 뼈가 움직일 때 우리 몸도 움직일 수 있거든.

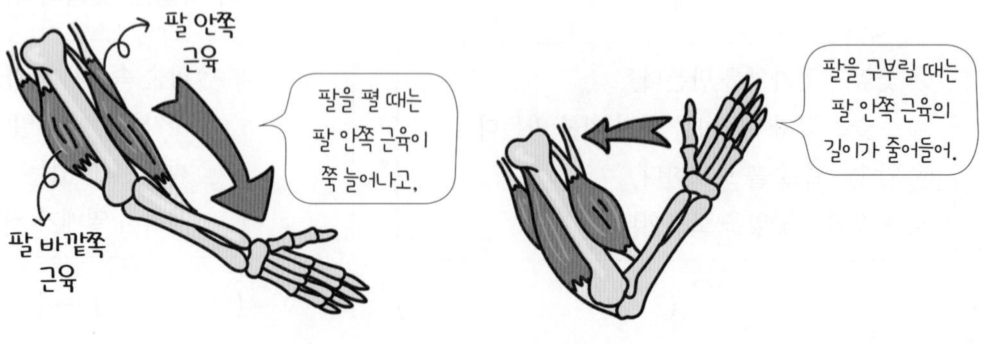

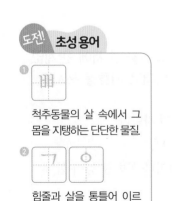

팔 안쪽 근육
팔 바깥쪽 근육
팔을 펼 때는 팔 안쪽 근육이 쭉 늘어나고,
팔을 구부릴 때는 팔 안쪽 근육의 길이가 줄어들어.

도전! 초성 용어

❶ ㅃ

척추동물의 살 속에서 그 몸을 지탱하는 단단한 물질.

❷ ㄱ ㅇ

힘줄과 살을 통틀어 이르는 말.

● 정답 17쪽

참쌤이 들려주는 과학 이야기

성장판의 비밀

우리는 우리 몸속 뼈가 길어지고 두꺼워지면서 성장을 해. 특히 손가락, 팔, 다리뼈의 끝에는 성장판이 있는데, 이 성장판의 세포가 활발하게 활동하면서 뼈가 자라게 된단다. 그러다 가 세포가 활동을 멈추면 뼈도 성장을 멈추는 거야. 활동량, 수면 시간, 스트레스 등 성장판 세포가 활동을 멈 추는 까닭은 다양해. 성장기에 성장판 세포가 활발한 활동을 하게 하려면 편안한 마음으로 즐겁게 생활하고, 잠을 푹 자는 습관이 중요해.

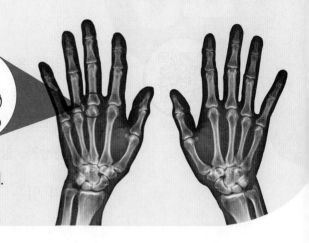

확인해 봐요!

● 정답 17쪽

1 뼈의 종류와 그 뼈가 하는 일을 바르게 선으로 이으세요.

척추뼈 •

머리뼈 •

팔과 손의 뼈 •

• 뇌를 감싸서 보호한다.

• 몸을 지탱하고 신경계를 보호한다.

• 관절이 많아 구부리거나 펴는 활동을 세밀하게 할 수 있다.

2 서율이는 팔이 펴져 있을 때와 팔이 구부러질 때 근육의 모습을 그렸어요. 팔이 구부 러질 때 팔 안쪽 근육의 모습을 아래 그림에 그려 넣으세요.

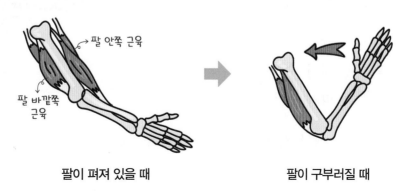

팔이 펴져 있을 때   팔이 구부러질 때

39. 뼈와 근육 **135**

소화 기관

우리는 음식으로 생활하는 데 필요한 영양소를 얻어. 우리가 먹은 음식물 속에 있는 영양소를 몸에 흡수될 수 있는 형태로 변화시키는 것을 소화라고 하지. 소화에 관여하는 기관을 소화 기관이라고 하는데 입, 식도, 위, 작은창자, 큰창자, 항문이 있어.

먼저 입은 음식물을 잘게 부수고, 침을 섞어서 삼킬 수 있는 상태로 만들어.

입에서 부드럽게 부서진 음식물은 입과 위를 연결하는 통로 역할을 하는 식도를 통해 위로 이동해.

위는 음식물을 주무르듯이 움직이며 위액과 섞어 잘게 쪼개는데, 위는 음식물이 가득 차면 원래 크기의 20배까지도 커질 수 있대.

위에서 잘게 쪼개진 음식물은 약 6 m 길이의 작은창자로 이동해. 작은창자는 음식물 속에 있는 영양분을 흡수하지.

작은창자를 거치며 찌꺼기만 남게 된 음식물은 큰창자에서 수분이 흡수되면서 부피가 줄어들어.

큰창자에서 수분기가 쫙 빠진 음식물 찌꺼기들은 마지막으로 항문을 통해 몸 밖으로 배출된단다.

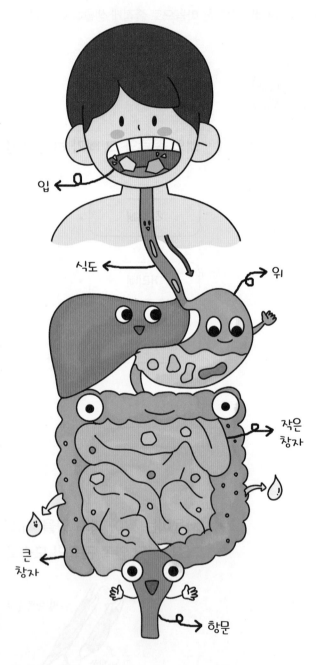

도전! **초성 용어**

우리가 먹은 음식물 속에 있는 영양소를 몸에 흡수될 수 있는 형태로 변화시키는 것. 입, 식도, 위, 작은창자, 큰창자, 항문을 ○○ 기관이라고 함.

안에서 밖으로 밀어 내보내는 것으로, 동물이 먹은 음식물을 소화하여 항문으로 내보내는 일을 말함.

● 정답 17쪽

과학 이야기 체하는 까닭

머리가 아프거나 어지럽고, 속이 더부룩하면서 메스꺼울 때 '체했다'고 해.
우리가 체하는 이유는 크게 두 가지야.
첫 번째로 내 몸의 소화 기관이 소화할 수 있는 음식의 양보다 많은 음식이나
기름진 음식, 밀가루 등 소화하기 힘든 음식을 먹었을 때, 두 번째로는 소화력
이 떨어졌을 때지.
그래서 음식을 먹을 때는 편안한 마음으로 꼭꼭 씹어서, 먹을 수 있는 만큼만
천천히 먹어야 체하지 않아.

● 정답 17쪽

1 하진이는 저녁으로 피자를 먹었어요. 하진이의 입안으로 들어온 피자가 몸 밖으로 배출될 때까지 거치는 소화 기관을 골라 빈칸에 순서대로 번호를 쓰세요.

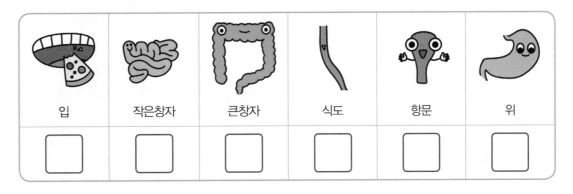

입	작은창자	큰창자	식도	항문	위

2 다음 소화 기관의 모습에서 작은창자를 찾아 색칠하고, 어느 날 우리 몸속에서 작은창자가 사라진다면 어떻게 될지 상상하여 쓰세요.

순환 기관

심장은 우리 몸에 없어서는 안 될 가장 중요한 기관 중 하나야. 혈액이 혈관을 타고 우리 몸에 필요한 산소와 영양분을 공급할 수 있도록 펌프질을 하지. 심장에서 출발한 혈액은 온몸을 돌고 다시 심장으로 돌아오는 과정을 반복하는데, 이 과정을 순환이라고 해. 또, 이와 관련된 심장과 혈관 등의 기관을 순환 기관이라고 한단다.

심장에서 나온 혈액에 포함된 산소와 영양분은 혈관을 통해 우리 몸의 머리에서부터 발끝까지 공급돼. 그리고 혈액은 몸에서 생긴 이산화 탄소와 노폐물을 다시 혈관을 통해 심장으로 보내지.

심장은 보통 자기 주먹 정도의 크기로, 몸통의 가운데에서 약간 왼쪽으로 치우친 곳에 있어. 심장은 혈액을 공급하기 위한 펌프질을 1분에 60~80번 정도 반복 해. 그리고 우리가 깨어있을 때뿐만 아니라 잠을 자고 있을 때에도 쉬지 않고 펌프질을 한단다.

운동을 할 때 심장이 빨리 뛰는 것을 느껴봤을 거야. 이것은 우리 몸이 평소보다 많은 에너지를 쓰게 되니까 심장이 더 많은 양의 산소와 영양분을 보내기 위해 빠르게 펌프질을 하기 때문이지.

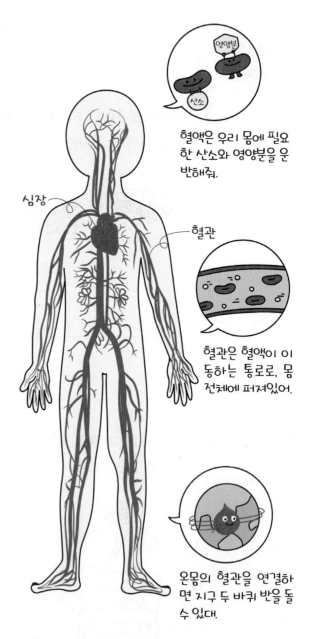

혈액은 우리 몸에 필요한 산소와 영양분을 운반해줘.

혈관은 혈액이 이동하는 통로로, 몸 전체에 퍼져있어.

온몸의 혈관을 연결하면 지구 두 바퀴 반을 돌 수 있대.

도전! 초성 용어

❶
사람이나 동물의 몸 안의 혈관을 돌며 산소와 영양분을 공급하고, 노폐물을 운반하는 붉은색의 액체.

❷
혈액이 흐르는 관을 말함. 동맥, 정맥, 모세 혈관으로 나뉨.

● 정답 17쪽

참쌤이 들려주는 과학 이야기
인공 심장

심장이 제 역할을 하지 못한다면 어떻게 될까?
우리 몸의 곳곳에서 필요한 산소와 영양분을 공급받지 못하고, 노폐물과 이산화 탄소가 쌓여 더 이상 살아갈 수 없을 거야.
인공 심장은 태어날 때부터 심장이 좋지 않거나 사고로 인해 심장이 제 역할을 하지 못하는 사람들을 위해 개발됐어. 심장의 역할을 대신해 몸속에서 순환 작용이 이루어지도록 하지. 또는 심장이 뛸 수 있도록 돕는 장치를 인공 심장이라고 불러.

● 정답 17쪽

1 순환 기관의 역할에 대한 설명으로 (   ) 안의 알맞은 말에 ○표 하세요.

> 심장은 혈액을 (뼈, 혈관)을/를 통해 온몸으로 공급한다.

> 심장은 (펌프, 흡수) 작용을 통해 산소와 영양분을 온몸에 보낸다.

> 운동을 할 때 심장이 빠르게 뛰면 혈액은 더 (천천히, 빠르게) 온몸으로 이동한다.

2 심장의 역할과 특징을 소개하는 글을 쓰세요.

나는 _____

_____

_____

_____ .

호흡 기관과 배설 기관

숨을 들이마시고 내쉬는 활동을 호흡이라고 하고, 코, 기관, 기관지, 폐 등을 호흡 기관이라고 해. 호흡 기관은 산소를 들이마시고 이산화 탄소를 몸 밖으로 내보내는 역할을 하지.

코로 들이마신 산소는 기관과 기관지를 통해 폐로 전달돼. 이렇게 폐로 전달된 산소는 혈액을 통해 폐를 둘러싼 혈관들을 거쳐 온몸으로 공급된단다.

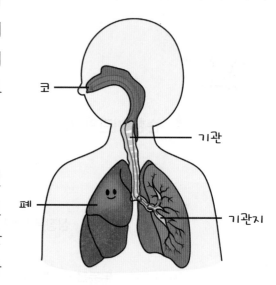

몸에서 생겨난 이산화 탄소는 혈액을 통해 폐로 돌아오지. 폐에 전달된 이산화 탄소는 기관지, 기관을 거쳐 코를 통해 몸 밖으로 배출되는 거야.

온몸을 거친 혈액 속에는 이산화 탄소뿐만 아니라 노폐물도 포함되어 있어. 더 이상 우리 몸에 필요하지 않은 물질인 노폐물은 배설의 과정을 거쳐 몸 밖으로 내보내져. 배설에 관여하는 콩팥, 방광 등을 배설 기관이라고 하는데, 노폐물을 오줌 등의 형태로 몸 밖으로 내보내는 역할을 해.

도전! 초성용어

1

숨을 들이마시고 내쉬는 활동.

2

동물이 섭취한 영양소로부터 자신의 몸에 필요한 물질과 에너지를 얻은 후 생긴 노폐물을 콩팥이나 땀샘을 통해 밖으로 내보내는 일.

● 정답 18쪽

콩팥은 혈액을 통해 운반된 노폐물을 걸러 내서 오줌을 만드는 역할을 해. 콩팥으로 운반되었지만 쓸모 있는 물질이 남은 혈액은 배설되지 않고 다시 몸속으로 돌아가기도 하지.

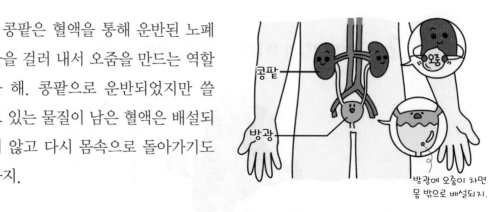

방광에 오줌이 차면 몸 밖으로 배설되지.

콩팥에서 만들어진 오줌은 방광에 잠시 저장되었다가 몸 밖으로 배설돼.

참쌤이 들려주는 과학 이야기

소변 검사의 원리

소변에는 노폐물과 함께 포도당이나 단백질과 같은 영양분이 함께 빠져나오기도 해. 피가 섞여 나오기도 하지. 이러한 경우는 소변 검사를 통해 쉽게 상태를 확인할 수 있어.

소변 검사 막대에는 포도당, 단백질, 혈액 등에 반응하는 종이가 붙어 있어서 소변에 이러한 물질이 섞여 나오면 색이 변한단다.

소변 검사에서 문제가 있는 경우 선생님의 안내에 따라 병원에서 검사를 받아야 해.

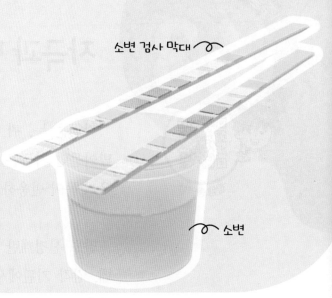
소변 검사 막대
소변

확인해 봐요!

● 정답 18쪽

1 다음 보기 에서 우리가 숨을 들이마실 때 공기가 이동하는 순서대로 호흡 기관의 이름을 쓰세요.

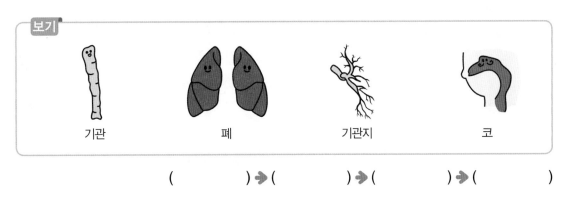

보기

| 기관 | 폐 | 기관지 | 코 |

(   ) ➡ (   ) ➡ (   ) ➡ (   )

2 다음 중 배설 기관을 모두 골라 이름에 ○표 하고, 배설 기관이 하는 일을 쓰세요.

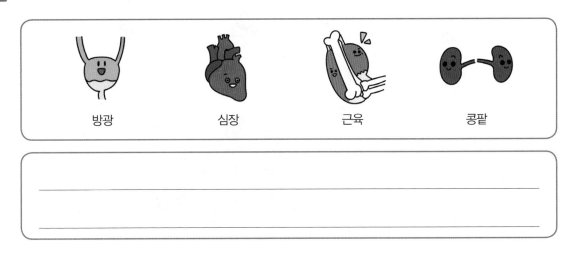

| 방광 | 심장 | 근육 | 콩팥 |

자극과 반응

자극은 눈, 귀, 코, 혀, 피부 등의 감각 기관을 통해 받아들여져. 이렇게 받아들인 자극은 말초 신경계를 통해 뇌를 포함한 중추 신경계로 전달되어 우리 몸이 반응하도록 하지.

말초 신경계란 온몸에 퍼져있는 신경을 말하는데, 감각 기관에서 받아들인 정보를 뇌를 포함한 중추 신경계에 전달하는 역할을 해. 또 뇌를 포함한 중추 신경계에서 전달받은 명령을 운동 기관으로 전달하지.

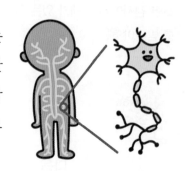

뇌를 포함한 중추 신경계는 뇌와 척수로 구성되어 있어. 뇌는 말초 신경계로부터 전달받은 자극에 대응하여 대부분의 결정을 내리지. 척수는 뇌와 말초 신경계를 연결하는 신경 다발이야.

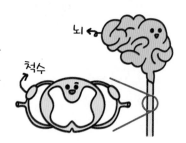

뇌는 감각 기관 → 말초 신경계 → 척수를 통해 자극을 전달받고, 이에 대한 결정을 다시 척수 → 말초 신경계 → 운동 기관으로 전달하여 반응으로 옮기도록 한단다. 하지만 긴급한 상황이 발생하면 뇌를 거치지 않고 척수에서 바로 명령을 내릴 때도 있어.

도전! 초성 용어

생물체에 작용하여 반응을 일으키게 하는 일.

자극에 대응하여 어떤 현상이 일어나는 것 또는 그 현상.

● 정답 18쪽

의족(인공 다리)과 의수(인공 팔)

우리 주변에는 사고로 인해 다리나 팔을 잃게 된 사람들이 있어.
최근에는 의족이나 의수를 몸에 연결하여 실제 다리나 팔처럼 사용할 수
있는 기술이 개발되었어.
전자 회로를 몸의 절단된 부위와 의족 또는 의수에 부착하면 신경계
가 하는 일을 대신하여 뇌의 명령을 전달할 수 있대. 또한 단순히 명
령을 전달받아 움직이는 것 외에도 온도나 촉감같이 다양한 감각
을 느낄 수 있게 하는 기술도 개발 중이라고 해.

확인해 봐요!

● 정답 18쪽

1 우리 몸의 감각 기관을 모두 골라 이름에 ○표 하세요.

| 피부 | 눈 | 위 | 코 | 혀 | 폐 | 귀 |

2 준서는 식탁 위에 있던 우유를 마시는 순간, 상한 것을 알고 우유를 뱉어 냈어요. 이
때 준서의 몸에서 일어난 자극에 대한 반응 과정으로 빈칸에 들어갈 알맞은 말을 쓰
세요.

감각 기관은 _____ .

↓

말초 신경계는 뇌를 포함한 중추 신경계로 자극을 전달함.

↓

뇌를 포함한 중추 신경계는 _____ .

↓

말초 신경계는 뇌를 포함한 중추 신경계의 명령을 운동 기관에 전달함.

↓

운동 기관은 명령에 따라 입안의 상한 우유를 뱉어 냄.

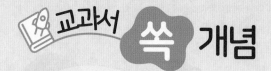
39 뼈와 근육

1. 우리 몸의 뼈와 근육

① 뼈는 몸의 형태를 만들고 몸을 지지하며 내부를 보호한다.

② 근육은 뼈와 연결되어 있어 우리 몸을 움직일 수 있게 한다.

2. 우리 몸이 움직일 수 있는 까닭

① 뼈에 연결된 근육의 길이가 늘어나거나 줄어들면서 뼈를 움직이게 한다.

② 팔 안쪽 근육이 줄어들면 팔이 구부러지고, 팔 안쪽 근육이 늘어나면 팔이 펴진다.

Speed ○ ✕

뼈와 근육은 서로 연결
되어 우리 몸을 움직일
수 있게 한다.

◆정답 18쪽

40 소화 기관

1. 소화: 음식물을 잘게 쪼개는 과정을 말한다.

2. 소화 기관: 소화에 직접 관여하는 입, 식도, 위, 작은창자, 큰창자, 항문을 말한다.

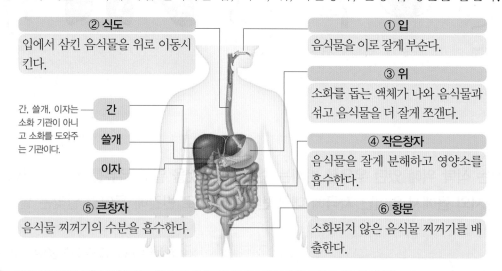

② 식도
입에서 삼킨 음식물을 위로 이동시킨다.

① 입
음식물을 이로 잘게 부순다.

③ 위
소화를 돕는 액체가 나와 음식물과 섞고 음식물을 더 잘게 쪼갠다.

간, 쓸개, 이자는 소화 기관이 아니고 소화를 도와주는 기관이다.

간
쓸개
이자

④ 작은창자
음식물을 잘게 분해하고 영양소를 흡수한다.

⑤ 큰창자
음식물 찌꺼기의 수분을 흡수한다.

⑥ 항문
소화되지 않은 음식물 찌꺼기를 배출한다.

Speed ○ ✕

입으로 음식을 먹으면
식도, 위, 큰창자, 작은
창자, 항문 순서로 음식
물이 지나간다.

◆정답 18쪽

41 순환 기관

1. 순환: 심장이 펌프 작용으로 혈액을 온몸에 보내고, 심장에서 나온 혈액이 온몸을 거쳐 다시 심장으로 돌아오는 과정을 말한다.

2. 순환 기관

심장	• 크기가 자신의 주먹만 하고, 몸통 가운데에서 왼쪽으로 약간 치우져 있다. • 펌프 작용을 통해 혈액을 온몸으로 순환시킨다.
혈관	• 가늘고 긴 관처럼 생겼고, 몸 전체에 퍼져 있다. • 혈액이 이동하는 통로이다.

Speed ○ ✕

심장은 펌프 작용을 통
해 혈액을 온몸으로 순
환시킨다.

◆정답 18쪽

1. 호흡 기관

① 호흡: 숨을 들이마시고 내쉬는 활동을 말한다.

② 호흡 기관: 호흡에 관여하는 코, 기관, 기관지, 폐 등을 말한다.

③ 호흡 기관이 하는 일

코	공기가 들어가고 나가는 곳이다.	기관	공기가 이동하는 통로이다.
기관지	기관과 폐 사이를 이어 주는 관으로 공기가 이동하는 통로이다.	폐	몸 밖에서 들어온 산소를 받아들이고, 몸 안에서 생긴 이산화 탄소를 몸 밖으로 내보낸다.

④ 숨을 들이마실 때와 내쉴 때 몸속에서 공기의 이동

숨을 들이마실 때 공기의 이동	코 → 기관 → 기관지 → 폐
숨을 내쉴 때 공기의 이동	폐 → 기관지 → 기관 → 코

2. 배설 기관

① 배설: 혈액에 있는 노폐물을 몸 밖으로 내보내는 과정을 말한다.

② 배설 기관: 배설에 관여하는 콩팥, 방광 등을 말한다.

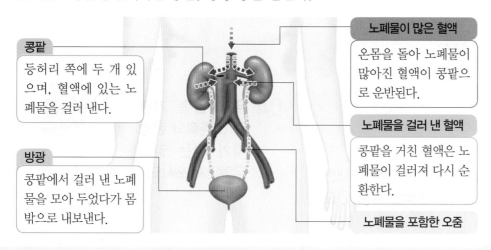

콩팥
등허리 쪽에 두 개 있으며, 혈액에 있는 노폐물을 걸러 낸다.

방광
콩팥에서 걸러 낸 노폐물을 모아 두었다가 몸 밖으로 내보낸다.

노폐물이 많은 혈액
온몸을 돌아 노폐물이 많아진 혈액이 콩팥으로 운반된다.

노폐물을 걸러 낸 혈액
콩팥을 거친 혈액은 노폐물이 걸러져 다시 순환한다.

노폐물을 포함한 오줌

Speed ⊙✗

숨을 내쉴 때 공기는 폐→기관→기관지→코 순서로 이동한다.

◉ 정답 18쪽

43 자극과 반응

1. 감각 기관

① 감각 기관: 주변으로부터 전달된 자극을 느끼고 받아들이는 기관을 말한다.

② 우리 몸에는 눈, 귀, 코, 혀, 피부 등의 감각 기관이 있다.

2. 자극이 전달되고 반응하는 과정: 자극 전달 과정은 '감각 기관 → 자극을 전달하는 신경계 → 행동을 결정하는 신경계 → 명령을 전달하는 신경계 → 운동 기관'의 순서로 이루어진다.

Speed ⊙✗

감각 기관이 받아들인 자극은 신경계를 통해 전달된다.

◉ 정답 18쪽

뼈와 근육

01 다음 중 뼈에 대한 설명으로 옳지 <u>않은</u> 것은 어느 것입니까? (   )

① 몸을 지지한다.
② 종류와 생김새가 다양하다.
③ 종류가 달라도 움직임은 같다.
④ 근육과 연결되어 있어 움직일 수 있다.
⑤ 심장이나 폐, 뇌 등 몸의 내부를 보호한다.

02 다음은 팔을 구부리고 펼 수 있는 까닭에 대한 설명입니다. 빈칸에 들어갈 알맞은 말에 ◯표 하시오.

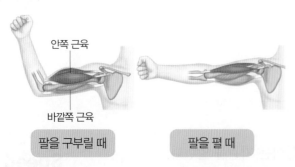

안쪽 근육
바깥쪽 근육

팔을 구부릴 때   팔을 펼 때

팔 안쪽 근육이 ㉠ (늘어나면, 줄어들면) 뼈가 따라 올라가 팔이 구부러지고, 팔 안쪽 근육이 ㉡ (늘어나면, 줄어들면) 뼈가 따라 내려가 팔이 펴진다.

소화 기관

03 다음 각 소화 기관의 설명에 맞게 선으로 이으시오.

위 •

작은창자 •

항문 •

• 큰창자와 연결되어 있고, 소화되지 않은 음식물 찌꺼기를 배출한다.

• 주머니 모양이고, 소화를 돕는 액체를 분비하여 음식물을 잘게 쪼갠다.

• 꼬불꼬불한 관 모양이고, 영양소를 흡수한다.

04 우리 몸속 기관 중 오른쪽의 큰창자가 하는 일은 무엇인지 쓰시오.

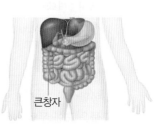

큰창자

순환 기관

05 심장의 펌프 작용으로 온몸으로 보내진 혈액이 온몸을 거쳐 다시 심장으로 돌아오는 과정을 무엇이라고 하는지 골라 기호를 쓰시오.

㉠ 소화   ㉡ 배설   ㉢ 순환   ㉣ 호흡

(   )

06 오른쪽은 우리 몸의 순환 기관을 나타낸 것입니다. ㉠의 이름을 쓰시오.

( )

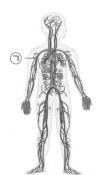

호흡 기관과 배설 기관

[07~08] 다음은 우리 몸의 호흡 기관을 나타낸 것입니다. 물음에 답하시오.

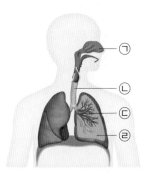

07 위 ㉠~㉣ 중에서 다음 설명에 해당하는 기관을 골라 기호와 이름을 쓰시오.

- 나뭇가지처럼 생겼다.
- 기관과 폐를 이어 주는 관으로, 공기가 이동하는 통로이다.

( )

08 다음은 숨을 들이마실 때 공기의 이동 과정입니다. 위 ㉠~㉣ 중 빈칸에 들어갈 알맞은 기관의 기호를 쓰시오.

코 → ( ) → 기관지 → 폐

( )

09 오른쪽 배설 기관 ㉠에 대한 설명으로 옳은 것은 어느 것입니까? ( )

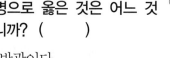

① 방광이다.
② 등허리 쪽에 세 개가 있다.
③ 오줌을 몸 밖으로 내보낸다.
④ 혈액에 있는 노폐물을 걸러 낸다.
⑤ 콩팥에서 걸러 낸 노폐물을 모아 두었다가 몸 밖으로 내보낸다.

자극과 반응

10 다음은 우리 몸의 자극에 대한 반응 과정을 나타낸 것입니다. 빈칸에 공통으로 들어갈 말을 쓰시오.

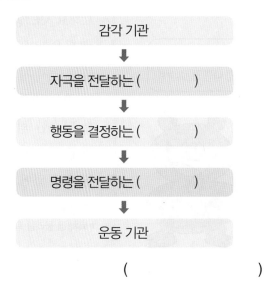

감각 기관
↓
자극을 전달하는 ( )
↓
행동을 결정하는 ( )
↓
명령을 전달하는 ( )
↓
운동 기관

( )

생태계 교란 생물 관리

생태계 교란 생물이란? 황소개구리, 큰입배스, 붉은귀거북, 뉴트리아, 돼지풀, 가시상추 등 다른 나라에서 온 생물 중 생태계에 해로운 영향을 주는 것이에요.

생태계 교란 생물 관리의 좋은 점

생태계의 균형을 위해 생태계 교란 생물을 관리하자!

생태계에서는 다양한 생물들이 어울려 균형을 이루며 살고 있어요. 하지만 생태계 교란 생물이 들어오게 되면 생태계의 균형이 깨져요. 황소개구리와 같은 생태계 교란 생물들은 포식성이 강해서 약한 생물들을 모두 잡아먹기 때문이에요. 그러면 다양한 생물이 어울려 살 수 없어요. 이런 문제를 막기 위해 생태계 교란 생물을 관리해야 해요. 또 생태계 교란 생물을 관리하면 생태계 교란 생물이 사람에게 미치는 나쁜 영향을 막을 수 있어요. 돼지풀이라는 생태계 교란 생물은 지나치게 많은 꽃가루를 만들어서 사람에게 알레르기 비염을 일으키는데, 돼지풀을 관리하면 이런 피해를 줄일 수 있어요.

● **교란(攪** 흔들 교, **亂** 어지러울 란) 상황을 뒤흔들어서 어지럽고 혼란하게 함.
● **포식(捕** 잡을 포, **食** 밥 식) 다른 동물을 잡아먹음.

생태계 교란 생물 관리의 문제점

생태계 교란 생물이 무조건 나쁜 건 아니야!

생태계 교란 생물을 모두 관리하고 없애야 할까요? 생태계 교란 생물을 무조건 막아야 하는 것은 아니에요. 생태계 교란 생물이 문제만 일으키는 것은 아니니까요. 더욱이 생태계 교란 생물을 관리하려면 지나치게 많은 돈과 자원이 필요해요. 또 생태계 교란 생물은 약을 만들거나 생물을 연구하는 등 좋은 방향으로 활용할 수 있어요. 예를 들어 가시상추나 도깨비가지와 같은 생태계 교란 생물은 충치 치료제로 사용되기도 해요. 이런 생태계 교란 생물을 모두 없애 버리면 좋은 방향으로 활용할 기회가 사라져 버려요. 그리고 생태계는 매우 복잡해서 단순한 퇴치만으로 생태계 교란 생물을 완전히 없애기는 어려워요. 오히려 생태계 교란 생물을 없애려다 천적이 사라져서 더 강한 생태계 교란 생물만 남을 수도 있어요.

● **자원(資** 재물 자, **源** 근원 원) 인간 생활에 이용되는 노동력이나 기술 등을 통틀어 이르는 말.
● **퇴치(退** 물러날 퇴, **治** 다스릴 치) 물리쳐서 아주 없애 버림.

생태계 교란 생물 관리가 미치는 좋은 점과 문제점 정리해 보기

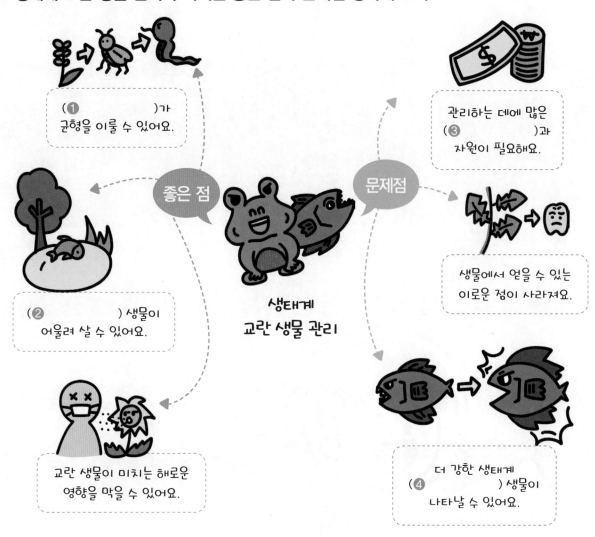

(❶　　　　　)가
균형을 이룰 수 있어요.

관리하는 데에 많은
(❸　　　　　)과
자원이 필요해요.

좋은 점

문제점

(❷　　　　　) 생물이
어울려 살 수 있어요.

생물에서 얻을 수 있는
이로운 점이 사라져요.

생태계
교란 생물 관리

교란 생물이 미치는 해로운
영향을 막을 수 있어요.

더 강한 생태계
(❹　　　　　) 생물이
나타날 수 있어요.

'생태계 교란 생물 관리'에 대한 나의 의견 써 보기

지구와 우주

태양의 구조와 역할

하늘에 떠 있는 태양은 우리가 사는 지구와 달리 스스로 빛을 내는 별이야. 태양이 내는 빛이 지구를 따뜻하게 만들어 준단다. 태양은 지구처럼 표면이 땅으로 되어 있지 않고, 아주 높은 온도의 기체로 이루어져 있어.

태양의 내부를 살펴보면 가장 깊숙한 곳에는 엄청난 에너지를 뿜어내는 핵이 있어. 그리고 핵융합으로 만들어진 에너지가 오랜 시간에 걸쳐 통과하는 복사층, 에너지를 전달하는 대류층이 있지.

태양의 표면층이 광구이고, 광구를 둘러싼 대기층이 채층과 코로나야. 광구에는 쌀알 같은 무늬의 흑점이 있어. 채층은 광구와 코로나 사이에서 분홍빛으로 보여. 채층에서 코로나 속으로 불꽃처럼 솟아오르는 것이 홍염이야. 코로나는 백만 도(℃)가 넘고 하얗게 빛난단다.

흑점은 주변보다 온도가 낮기 때문에 어둡게 보여.

도전! 초성용어

①

태양계 안에서 스스로 빛을 내는 별. 지구에서 필요한 에너지를 제공함.

②

태양에서 셋째로 가까운 행성. 사람이 살고 있는 천체.

● 정답 19쪽

태양은 지구에 많은 영향을 줘. 태양의 빛이 있기 때문에 지구에 다양한 생물이 살 수 있지. 또 생물이 자라는 데 알맞은 온도를 유지시켜 주고 생활에 필요한 에너지를 제공해 주지. 만약 태양이 사라진다면 식물은 광합성을 하지 못해서 양분을 만들지 못해 죽게 되고, 식물을 먹고 사는 동물과 사람도 결국 죽게 될 거야.

태양 에너지를 이용하는 방법

태양 에너지를 이용하는 방법에는 태양열 발전과 태양광 발전이 있어. 태양열 발전은 태양의 '열'을 이용하는 거야. 물을 끓여서 난방을 하거나 물을 끓일 때 생기는 증기로 전기를 생산하기도 하지. 태양광 발전은 태양의 '광(光)', 즉 태양의 빛을 이용하는 거야. 태양 에너지를 직접 전기 에너지로 바꾸기 때문에 공해가 없고, 필요한 장소에 필요한 만큼만 발전할 수 있지. 또 태양이 하늘에 떠 있는 한 끊임없이 이용할 수 있어.

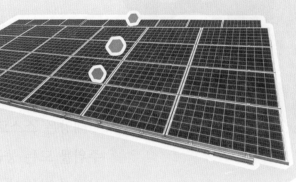

확인해 봐요!

● 정답 19쪽

1 태양에 대해 옳게 말한 동물의 이름을 쓰세요.

 곰: "태양은 딱딱한 고체로 이루어진 별이야."

 호랑이: "태양은 스스로 빛을 내는 별이야."

 펭귄: "태양이 사라진다면 식물의 광합성이 더 잘 일어날 거야."

(   )

2 다음 그림을 모두 활용하여 태양 에너지가 사람에게 전달되는 과정을 나타내 보세요.

태양 에너지

식물

초식 동물

사람

태양계에 속해 있는 행성

태양계는 태양이 영향을 미치는 공간과 그 공간에 있는 태양을 포함한 모든 구성원들을 말해. 태양계 구성원은 태양, 행성, 위성, 소행성, 혜성 등이야.

태양은 스스로 빛을 내는 별이라는 사실 기억하고 있지? 행성은 태양의 주위를 도는 둥근 천체야. 행성은 스스로 빛을 내지 못하지만 태양 빛을 반사해서 빛을 내. 위성은 행성 주위를 도는 작은 천체로, 달은 지구의 위성이야. 소행성은 행성 사이를 움직이는 천체이지. 마지막으로 혜성은 태양 주위를 돌아서 태양계 밖으로 나갔다가 다시 돌아오는 천체란다.

태양계 행성에는 수성, 금성, 지구, 화성, 목성, 토성, 천왕성, 해왕성의 여덟 개가 있어. 수성은 태양에서 가장 가까운 행성이야. 수성에는 운석이 충돌하면서 생긴 충돌 구덩이가 남아 있어서 달 표면과 비슷해. 금성은 지구에서 가장 밝게 보이는 행성이야. 지구에는 생물이 살고 있어. 화성은 하루의 길이가 지구와 비슷하고, 계절의 변화가 나타나. 목성은 행성 중 가장 커. 토성에는 얼음 조각과 먼지로 이루어진 예쁜 고리가 있어. 천왕성은 수소와 헬륨으로 이루어진 가스 행성이야. 해왕성은 푸른색이고 희미한 고리가 있어.

도전! 초성 용어

①
ㅌ	ㅇ	ㄱ

태양이 영향을 미치는 공간과 그 공간에 있는 태양을 포함한 모든 구성원.

②
ㅎ	ㅅ

태양의 주위를 도는 둥근 천체. 수성, 금성, 지구, 화성, 목성, 토성, 천왕성, 해왕성이 있음.

● 정답 19쪽

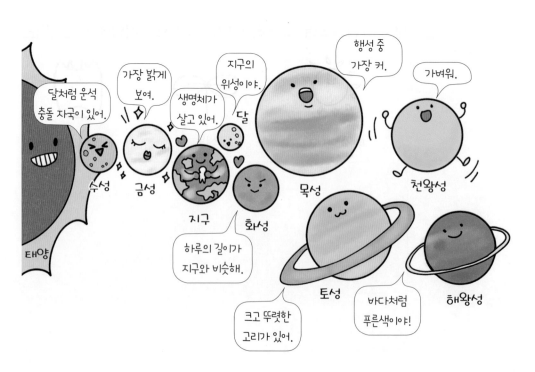

참쌤이 들려주는 과학 이야기

제 2의 지구라 불리는 화성

태양계 행성 중 사람이 살 수 있는 곳이 있는지를 연구하는 사람들이 있어.
사람이 살 수 있으려면 지구와 조건이 비슷해야겠지. 태양계 행성 중 지구와 가
장 비슷한 행성은 금성이야. 하지만 온도와 기압이 너무 높아서 사람이 살 수 없단다.
화성에는 생물이 살고 있을 가능성이 있다고 해. 생물이 살기 위해서는 물이 반드시 필요한
데, 화성에는 수백 만 년 전까지 물이 흘렀던 흔적이 존재하기 때문이지.
그래서 사람들은 화성을 제 2의 지구가 될 수 있는 가능성이 매우 높은 행성으로 생각하고 더
깊이 연구하고 있어.

● 정답 19쪽

1 태양계 행성들이 자신을 소개하고 있어요. <u>잘못</u> 소개한 행성을 쓰세요.

> • 수성: "내 표면에는 충돌 구덩이가 있어서, 달 표면과 비슷해."
> • 지구: "나는 사람, 동물, 식물이 살고 있는 행성이야."
> • 화성: "나는 하루의 길이가 지구보다 10배 길어."

(   )

2 다음은 태양계 행성 중 금성, 토성, 천왕성의 특징을 그림으로 표현한 것이에요. 빈칸에 토성의 특징을 그려 완성하세요.

금성	토성	천왕성
가장 밝음. 금성		수소 + 헬륨 천왕성 가스 행성 ↓ 가벼움.

쌤!
태양계 행성은
특징이 다 다른가요?

응. 여덟 개 행성은
크기가 다양하고 특징도
서로 달라.

금성은 가장 밝게 보이고, 토성에는
뚜렷한 고리가 있어. 천왕성은
수소와 헬륨으로 이루어져 있지.

밤하늘의 별과 별자리

별자리가 무엇인지 알고 있니? 별자리는 밤하늘에서 볼 수 있는 별의 무리를 구분해 이름을 붙인 거야. 옛날 사람들은 밤하늘에 무리 지어 있는 별을 연결해 사람이나 동물, 물건의 모습 등을 떠올리고 이름을 붙였단다. 사람들은 별의 위치와 방향을 찾고, 날짜와 계절을 알기 위해서 별자리를 만들었어.

별들을 연결하니 천칭(저울)과 닮았어. 천칭자리라고 불러야지.

옛날에는 나침반, 내비게이션과 같이 방향을 찾을 수 있는 도구가 없어서 방향을 찾기 어려웠단다. 그때 도움을 준 것이 북극성이라는 별이야. 북극성은 거의 정확하게 북쪽 밤하늘에서 늘 볼 수 있기 때문에 북극성을 찾으면 방향을 알 수 있어. 옛날 사람들은 북극성을 쉽게 찾기 위해, 북쪽 하늘에서 볼 수 있는 별자리인 북두칠성과 카시오페이아자리를 이용했단다. 북두칠성은 국자 모양이고, 카시오페이아자리는 엠(M)자 또는 더블유(W)자 모양이야.

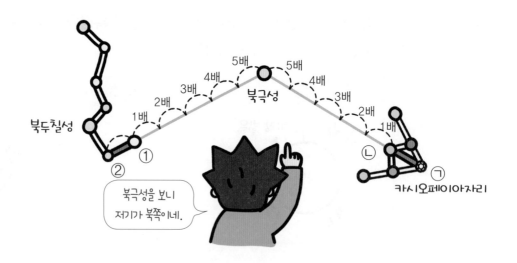

북극성을 보니 저기가 북쪽이네.

도전! 초성용어

ㅂ

태양처럼 스스로 빛을 내는 천체로, 낮에는 태양 빛이 밝아 볼 수 없음.

ㅂ ㄱ ㅅ

거의 정확하게 북쪽 밤하늘에서 늘 볼 수 있는 별. 위치가 거의 변하지 않아 밤에 방향을 찾을 때 이용함.

● 정답 19쪽

북두칠성을 이용해서 북극성을 찾을 때는 북두칠성의 국자 모양 끝부분에서 ①과 ②를 찾아 연결하고, 그 거리의 다섯 배만큼 떨어진 곳에 있는 별을 찾으면 돼. 카시오페이아자리를 이용해서 북극성을 찾을 때는 카시오페이아자리에서 바깥쪽 두 선을 연장해 만나는 점 ㉠을 찾아 ㉠과 ㉡을 연결하고, 그 거리의 다섯 배만큼 떨어진 곳에 있는 별을 찾으면 된단다.

참쌤이 들려주는 과학이야기

점성술에서 말하는 생일과 별자리

천체의 움직임을 통해 미래를 예언하는 점성술에서는 지구에서 열두 달 동안 보이는 별자리로 사람의 인생을 예측한다고 해. 점성술에서 말하는 생일과 별자리의 관계는 달 별로 나뉘어 있어.

물병자리 1/20~2/18	물고기자리 2/19~3/20	양자리 3/21~4/19
황소자리 4/20~5/20	쌍둥이자리 5/21~6/21	게자리 6/22~7/22
사자자리 7/23~8/22	처녀자리 8/23~9/22	천칭자리 9/23~10/23
전갈자리 10/24~11/21	사수자리 11/22~12/21	염소자리 12/22~1/19

확인해 봐요!

● 정답 **19**쪽

1 별과 별자리에 대해 <u>잘못</u> 말한 사람의 이름을 쓰세요.

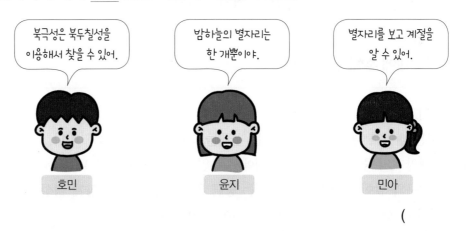

북극성은 북두칠성을 이용해서 찾을 수 있어.
호민

밤하늘의 별자리는 한 개뿐이야.
윤지

별자리를 보고 계절을 알 수 있어.
민아

(   )

2 다음은 북쪽 하늘에서 볼 수 있는 별자리를 나타낸 것이에요. 카시오페이아자리를 이용해 북극성의 위치로 예상되는 부분을 찾아 표시해 보세요.

카시오페이아자리

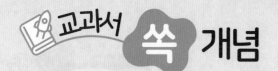
44 태양의 구조와 역할

1. 태양이 생물과 우리 생활에 미치는 영향

① 지구에 있는 물이 순환하는 데 필요한 에너지를 끊임없이 공급해 준다.

② 지구를 따뜻하게 하여 생물이 살아가기에 알맞은 환경을 만들어 준다.

③ 식물은 태양 빛이 있어야 양분을 만들어 살 수 있고, 일부 동물은 식물이 만든 양분을 먹고 산다.

④ 태양 빛을 이용해 전기를 만들어 생활에 이용하기도 한다.

2. 태양이 생물에게 소중한 까닭

① 우리가 살아가는 데 필요한 대부분의 에너지를 태양에서 얻기 때문이다.

② 만약 태양이 없다면 지구에서 생물이 살기 어렵기 때문이다.

Speed ○ ✕

식물은 태양 빛이 있어야 살 수 있지만, 동물은 태양 빛이 없어도 살 수 있다.

☐ ● 정답 19쪽

45 태양계에 속해 있는 행성

1. 태양계의 구성

① 태양계는 태양과 태양의 영향을 받는 천체들 그리고 그 공간을 말한다.

② 태양: 태양계의 중심에 있고, 태양계에서 유일하게 스스로 빛을 내는 천체이다.

③ 행성: 지구와 같이 태양의 주위를 도는 둥근 천체를 말하며, 태양계 행성에는 수성, 금성, 지구, 화성, 목성, 토성, 천왕성, 해왕성이 있다.

④ 위성: 지구 주위를 도는 달과 같이 행성의 주위를 도는 천체를 말한다.

2. 태양계 행성의 특징

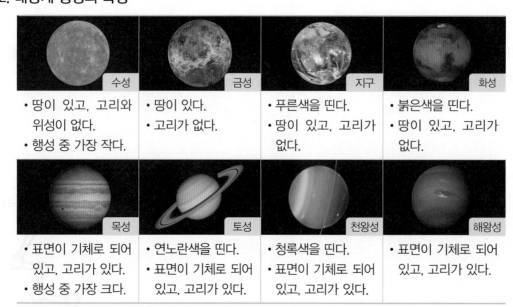

수성	금성	지구	화성
• 땅이 있고, 고리와 위성이 없다. • 행성 중 가장 작다.	• 땅이 있다. • 고리가 없다.	• 푸른색을 띤다. • 땅이 있고, 고리가 없다.	• 붉은색을 띤다. • 땅이 있고, 고리가 없다.

목성	토성	천왕성	해왕성
• 표면이 기체로 되어 있고, 고리가 있다. • 행성 중 가장 크다.	• 연노란색을 띤다. • 표면이 기체로 되어 있고, 고리가 있다.	• 청록색을 띤다. • 표면이 기체로 되어 있고, 고리가 있다.	• 표면이 기체로 되어 있고, 고리가 있다.

3. 태양계 행성의 크기

목성 > 토성 > 천왕성 > 해왕성 > 지구 > 금성 > 화성 > 수성

4. 태양에서 행성까지의 상대적인 거리

① 태양으로부터 수성, 금성, 지구, 화성, 목성, 토성, 천왕성, 해왕성 순서로 점점 멀리 떨어져 있다.

② 태양에서 거리가 멀어질수록 행성 사이의 거리가 멀어진다.

Speed O X

태양계 행성 중 목성, 토성, 천왕성, 해왕성은 고리가 있다.

● 정답 19쪽

46 밤하늘의 별과 별자리

1. **별**: 태양처럼 스스로 빛을 내는 천체이다.

① 별은 태양계 밖의 먼 거리에 있기 때문에 지구에서는 반짝이는 작은 점으로 보인다.

② 낮에는 태양 빛이 밝아 별을 볼 수 없고, 밤이 되어 어두워지면 별을 볼 수 있다.

2. **별자리**: 하늘에 무리 지어 있는 별을 연결해 사람이나 동물 또는 물건의 모습을 떠올리고 이름을 붙인 것이다.

작은곰자리

카시오페이아자리

북두칠성

3. 북극성 찾기

① 밤하늘에서 북극성이 중요한 까닭: 북극성은 거의 정확하게 북쪽 밤하늘에서 늘 볼 수 있기 때문에 북극성을 찾으면 방위를 알 수 있어서 나침반 역할을 한다.

② 북극성은 북쪽 밤하늘의 대표적인 별자리인 북두칠성과 카시오페이아자리를 이용하여 찾을 수 있다.

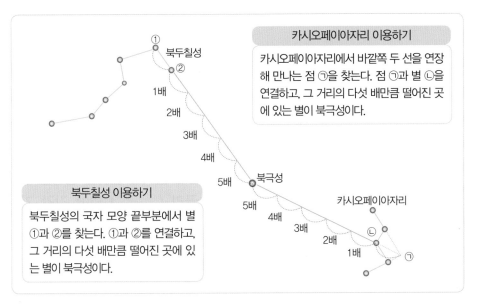

카시오페이아자리 이용하기

카시오페이아자리에서 바깥쪽 두 선을 연장해 만나는 점 ㉠을 찾는다. 점 ㉠과 별 ㉡을 연결하고, 그 거리의 다섯 배만큼 떨어진 곳에 있는 별이 북극성이다.

북두칠성 이용하기

북두칠성의 국자 모양 끝부분에서 별 ①과 ②를 찾는다. ①과 ②를 연결하고, 그 거리의 다섯 배만큼 떨어진 곳에 있는 별이 북극성이다.

Speed O X

북극성은 북두칠성과 작은곰자리를 이용하여 찾을 수 있다.

● 정답 19쪽

교과서 확인 문제

태양의 구조와 역할

01 다음 (　　　) 안에 공통으로 들어갈 알맞은 말을 쓰시오.

> • (　　　)은/는 생물이 자라는 데 알맞은 온도를 유지시켜 준다.
> • (　　　)의 에너지를 이용하여 전기를 만들 수 있다.

(　　　　　　　)

02 태양이 생물에게 소중한 까닭으로 옳은 것에 모두 ○표 하시오.

(1) 식물은 태양 빛이 있어야 양분을 만들어 살 수 있기 때문이다. (　　　)

(2) 태양은 지구와 멀리 떨어져 있어 영향을 미치지 못하기 때문이다. (　　　)

(3) 우리가 살아가는 데 필요한 대부분의 에너지를 태양에서 얻기 때문이다. (　　　)

태양계에 속해 있는 행성

03 태양계의 구성원이 <u>아닌</u> 것은 어느 것입니까?
(　　　)

① 위성　　　　② 태양
③ 행성　　　　④ 블랙홀
⑤ 소행성

[04~06] 다음은 태양계를 구성하는 행성들입니다. 물음에 답하시오.

ⓐ 수성　　ⓑ 금성　　ⓒ 화성
ⓓ 목성　　ⓔ 토성　　ⓕ 해왕성

04 위 태양계 행성들에 대한 설명으로 옳은 것은 어느 것입니까? (　　　)

① 토성은 고리가 있다.
② 화성은 푸른색을 띠고 있다.
③ 수성은 표면이 기체로 되어 있다.
④ 목성은 태양계 행성들 중 가장 작다.
⑤ 해왕성은 태양계에서 유일하게 스스로 빛을 내는 천체이다.

05 다음 빈칸에 들어갈 알맞은 행성을 위 ⓐ~ⓕ 중에서 골라 (　　　) 안에 각각 기호를 쓰시오.

> 태양계 행성 중에서 가장 작은 것은 (　　　)이고, 가장 큰 것은 (　　　)이다.

06 다음은 태양계 행성 중에서 앞 ㉠~㉫이 아닌 것입니다. 각 행성의 이름을 쓰시오.

(1)

생물이 살고 있다.

( )

(2)

청록색을 띤다.

( )

07 태양으로부터의 거리가 지구보다 가까운 행성끼리 바르게 짝 지은 것은 어느 것입니까?
( )

① 수성, 화성
② 수성, 목성
③ 수성, 금성
④ 금성, 화성
⑤ 금성, 목성

밤하늘의 별과 별자리

08 별에 대한 설명으로 옳지 <u>않은</u> 것은 어느 것입니까? ( )

① 스스로 빛을 내지 못한다.
② 지구에서 매우 먼 거리에 있다.
③ 북극성은 정확하게 북쪽에 늘 있다.
④ 낮에는 태양 빛이 밝아 별을 볼 수 없다.
⑤ 별의 무리를 구분해 이름을 붙여 별자리를 만들었다.

09 다음에서 설명하는 별자리는 어느 것인지 골라 ○표 하시오.

• 북쪽 밤하늘에서 볼 수 있는 별자리이다.
• 위치에 따라 엠(M)자나 더블유(W)자 모양이다.
• 이 별자리를 이용해 북극성을 찾을 수 있다.

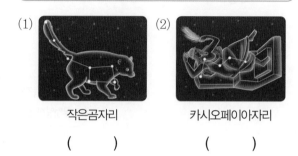

(1) 작은곰자리
( )

(2) 카시오페이아자리
( )

10 다음 북두칠성의 ㉠과 ㉡을 이용하여 북극성을 찾는 방법을 쓰시오.

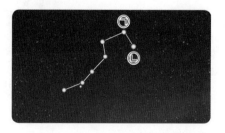

_____

_____

구름, 비, 눈

바다나 땅 위의 물이 증발하면 수증기는 높은 하늘로 올라가 다시 작은 물방울로 변해서 떠 있게 돼. 이렇게 기체인 수증기가 액체인 물로 변하는 현상을 응결이라고 하지. 이렇게 변한 물방울들이 모이고 뭉쳐져 하늘에 떠 있는 것을 구름이라고 해.

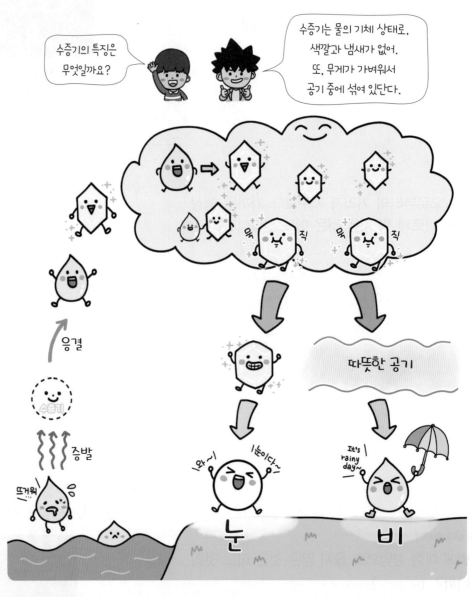

도전! 초성 용어

공기 중의 수증기가 작은 물방울이나 작은 얼음 알갱이의 형태로 모여 하늘에 떠 있는 것.

공기의 온도. 보통 땅에서부터 1.5미터 높이의 백엽상 속에 놓인 온도계로 잰 온도를 말함.

● 정답 20쪽

구름 속 물방울은 하늘에서의 낮은 온도 때문에 작은 얼음 알갱이가 되기도 해. 이렇게 구름 속 물방울 또는 얼음 알갱이가 커지다가 무거워지면 아래로 떨어지게 되지. 기온이 높은 지역에서는 얼음 알갱이가 녹아서 비가 되어 내리고, 기온이 낮은 지역에서는 얼음 알갱이가 녹지 않고 그대로 떨어지면서 눈이 내리는 거야.

하늘에서 떨어지는 얼음덩어리, 우박

우박은 큰 물방울들이 공중에서 갑자기 찬 기운을 만나 얼어서 떨어지는 얼음덩어리야. 크기가 지름 5mm 이상인 얼음덩어리를 우박이라고 하고, 주로 하루 중 지표면이 많이 뜨거워지는 오후 시간에 주로 발생해.
구름의 윗부분은 기온이 매우 낮기 때문에 수증기가 얼음 알갱이 상태로 변하게 되고, 구름 안에서 올라갔다 내려갔다 하는 과정을 반복하면서 점점 커지지. 그러다가 커지고 무거워진 얼음덩어리, 즉 우박이 떨어지게 되는 거야.

확인해 봐요!

● 정답 20쪽

1 구름, 비, 눈에 대하여 옳게 말한 사람에 모두 ○표 하세요.

구름은 수증기가 응결하여 작은 물방울들이 뭉쳐서 하늘에 떠 있는 것을 말해.

( )

구름 속 물방울 또는 얼음 알갱이가 녹아서 물방울로 떨어지는 것을 비라고 해.

( )

눈은 기체인 수증기가 액체인 물로 상태가 변하는 현상이야.

( )

2 구름 속 물방울 또는 얼음 알갱이가 커지다가 무거워져 아래로 떨어질 때, 기온이 높은 지역과 기온이 낮은 지역에서 각각 어떤 형태로 내릴지 그림으로 나타내세요.

지표면 근처의 기온이 높은 지역

지표면 근처의 기온이 낮은 지역

저기압과 고기압

공기에도 무게가 있다는 것을 알고 있니? 우리 주변의 물체와 같이 공기도 무게를 가지고 있기 때문에 공기의 양이 많을수록 무거워진단다. 이러한 공기의 무게 때문에 생기는 공기의 압력을 기압이라고 해.

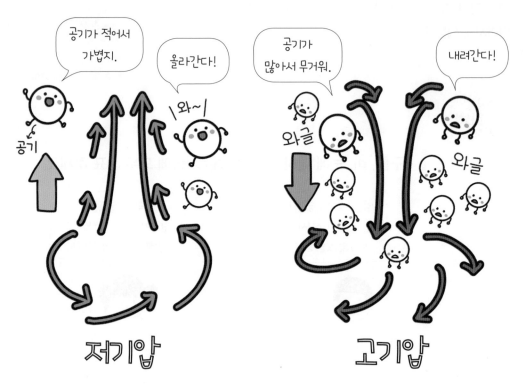

공기의 양이 주변보다 적은 곳은 상대적으로 공기의 압력이 낮아 저기압이라고 하고, 공기의 양이 주변보다 많은 곳은 상대적으로 공기의 압력이 높아 고기압이라고 하지.

기압이 가장 낮은 저기압의 중심에서는 공기가 위로 올라가게 되는데, 이때 공기의 온도가 낮아져. 따라서 수증기가 응결하여 구름이 생기지. 그래서 저기압일 때에는 구름이 많아지고 날씨가 흐려져 비나 눈이 오게 된단다. 기압이 가장 높은 고기압의 중심에서는 공기가 아래로 내려오면서 구름이 잘 생기지 않아. 따라서 맑은 날씨가 나타나지. 이렇게 기압에 따라 날씨가 변하게 돼.

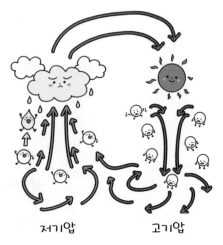

저기압　　　고기압

도전! 초성 용어

주위보다 상대적으로 기압이 낮은 곳이며 주로 날씨가 흐림.

주위보다 상대적으로 기압이 높은 곳이며 주로 날씨가 맑음.

● 정답 20쪽

참쌤이 들려주는 과학 이야기

높은 곳에 올라갈 때 귀가 먹먹한 까닭

높은 산에 올라가거나 비행기가 이륙할 때 귀가 먹먹해지는 것을 느껴 봤을 거야.
귀의 안쪽에 있는 막인 고막은 공기의 진동을 안으로 전달하여 소리를 들을 수
있게 해. 고막을 기준으로 귀 바깥쪽과 안쪽의 압력이 달라지면, 귀 안에 있는
기관인 유스타키오관이 열리면서 압력이 같아지도록 조절하지.
하지만 갑작스러운 압력 변화에는 유스타키오관이 열리지 못한단다. 따라서
고막이 공기의 진동을 제대로 전달하지 못해 귀가 먹먹한 느낌이 들게 돼.
이때 침을 삼키거나 하품을 하면 귀 안팎의 기압 차이를 맞추는 데 도움을 줘.

확인해 봐요!

● 정답 20쪽

1 공기의 성질과 기압에 대한 설명으로 (   ) 안의 알맞은 말에 ○표 하세요.

> 공기의 양이 많아질수록 공기는 (가벼워, 무거워)진다.

> 공기의 양이 주변보다 많은 곳은 상대적으로 공기의 압력이 높으며, (저기압, 고기압)이라고
> 한다.

> 저기압의 중심에서는 공기가 (위로, 아래로) 이동하면서 많은 구름이 생기고, 흐린 날씨가
> 나타난다.

2 다음은 상대적으로 공기의 압력이 높은 곳에서 공기가 이동하는 모습을 나타낸 것이
에요. 이 지역의 날씨를 예상하여 구름(흐린 날씨일 때)이나 해(맑은 날씨일 때)를 그
리세요.

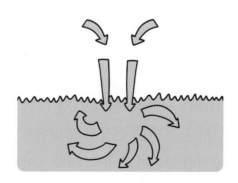

열돔 현상

7~8월쯤 우리나라 쪽으로 다가오는 뜨거운 공기 덩어리를 북태평양 고기 압이라고 해. 북태평양 고기압이 우리나라에 영향을 미치면 구름이 없고 바람도 잘 불지 않으며, 햇빛이 잔뜩 비치는 무더운 여름 날씨가 되는 거야.

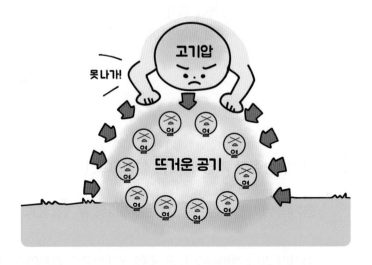

뉴스에서 폭염 특보를 본 경험이 있을 거야. 폭염은 하루 최고 기온이 33℃ 이상으로 매우 심한 더위를 말하는데, 폭염이 며칠씩 계속되는 것은 바로 '열돔 현상' 때문이란다. 열돔 현상은 땅 위 5~7 km 높이의 고기압이 거의 움직이지 않으면서 뜨거운 공기를 가둬 더위가 심해지는 현상을 말해. 열이 돔 형태로 갇혀 빠져나가지 못하는 거지.

도전! 초성 용어

❶

하루 최고 기온이 33℃ 이상인 매우 심한 더위를 말함.

❷

고기압이 움직이지 않으면서 뜨거운 공기를 돔 형태로 가두는 것. ○○ 현상.

● 정답 21쪽

원래는 북쪽의 찬 공기가 내려오면서 여름에도 적당한 더위를 유지했지만, 지구 온난화 현상이 불러온 기후 변화는 이를 방해한단다. 열돔 현상이 발생하면 기온이 5~10℃ 이상 높아져 폭염이나 가뭄, 산불의 원인이 되기도 해.

참쌤이 들려주는 과학 이야기 잠을 설치게 하는 열대야

우리가 편안하게 잠을 이루려면 우리 몸의 온도가 평소보다 약 0.3℃ 정도 낮아져 야 해. 그런데 열돔 현상으로 인해 온도가 높아지면 잠을 깊게 잘 수 없게 되지. 열대야란 방 밖의 온도가 25℃ 이상인 무더운 밤을 말하는데, 주로 건물이나 공 장, 포장된 도로 등 쉽게 가열되는 환경에서 일어나고, 농촌보다 도시 지역에서 많 이 나타나. 이럴 때는 잠들기 1~2시간 전에 미지근한 물로 샤워하고, 공기가 잘 통하는 소재의 잠옷을 입거나 격렬한 운동을 하지 않는 등 몸의 온도를 높 게 하지 않는 것이 중요해.

확인해 봐요!

● 정답 21쪽

1 열돔 현상에 대해 옳게 말한 사람을 찾아 모두 ○표 하세요.

> 북쪽의 찬 공기가 내려오면서 적당한 더위를 유지하는 현상이야.

( )

> 고기압이 움직이지 않아 뜨거운 공기를 가둬 더위가 심해지는 현상을 말해.

( )

> 이 현상이 지속되면 열대야가 심해져서 밤에 잠들기 힘들어.

( )

2 열돔 현상을 설명하는 그림을 빈칸에 그리고, ( ) 안의 알맞은 말을 골라 모두 ○표 하세요.

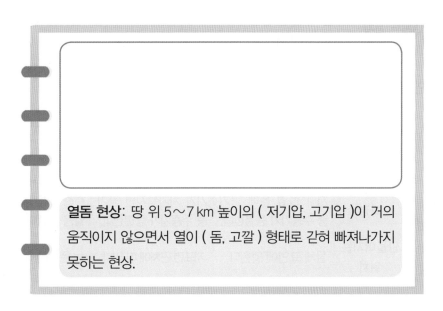

열돔 현상: 땅 위 5~7 km 높이의 (저기압, 고기압)이 거의 움직이지 않으면서 열이 (돔, 고깔) 형태로 갇혀 빠져나가지 못하는 현상.

47 구름, 비, 눈

1. **구름**: 구름은 공기 중 수증기가 응결해 물방울이 되거나 얼음 알갱이 상태로 변해 하늘에 떠 있는 것이다.

> **교과서 실험 🥣 구름 발생 실험하기**
>
> **▌과정** ❶ 페트병에 액정 온도계를 넣은 뒤, 공기 주입 마개로 닫는다.
> ❷ 공기 주입 마개를 눌러 페트병 안에 공기를 넣으면서 온도 변화를 관찰한다.
> ❸ 페트병 안 온도가 더 이상 변하지 않으면 페트병 안 온도를 측정한다.
> ❹ 공기 주입 마개 뚜껑을 열어 페트병 안 온도를 측정하고, 이때 나타나는 변화를 관찰한다.
>
>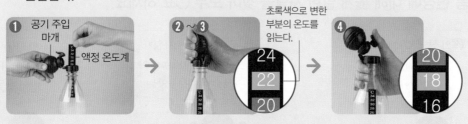
>
> ① 공기 주입 마개 / 액정 온도계
> ②~③ 초록색으로 변한 부분의 온도를 읽는다. 24 22 20
> ④ 20 18 16
>
> **▌결과** • 페트병 안에 공기를 넣은 뒤 공기 주입 마개의 뚜껑을 열면, 페트병 안 온도가 낮아지면서 수증기가 응결하여 물방울로 변해 뿌옇게 흐려지는 현상이 나타난다.
> • 이것은 자연 현상 중에서 구름이 만들어지는 현상과 비슷하다.

2. 비와 눈이 내리는 과정

비가 내리는 과정	구름 속 작은 물방울이 합쳐지면서 무거워져 떨어지거나, 크기가 커진 얼음 알갱이가 무거워져 떨어지면서 녹은 것이 비가 된다.
눈이 내리는 과정	구름 속 얼음 알갱이의 크기가 커지면서 무거워져 떨어질 때 녹지 않은 채로 떨어지면 눈이 된다.

3. 이슬, 안개, 구름의 공통점과 차이점

구분		이슬	안개	구름
공통점		수증기가 응결해 나타나는 현상이다.		
차이점	만들어지는 과정	밤에 차가워진 나뭇가지나 풀잎 등에 공기 중 수증기가 응결한다.	밤에 지표면 근처의 공기가 차가워지면 공기 중 수증기가 응결한다.	위로 올라간 공기 중 수증기가 응결하거나 얼음 알갱이로 변한다.
	만들어지는 위치	물체 표면에 맺힌다.	지표면 근처에 떠 있다.	높은 하늘에 떠 있다.

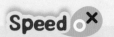

Speed ⭕❌

비는 구름 속 얼음 알갱이가 무거워져 떨어질 때 녹지 않은 채로 떨어지는 것이다.

⬜ ● 정답 21쪽

1. **기압**: 공기의 무게로 생기는 누르는 힘을 말하며, 일정한 부피에 공기 알갱이가 많을수록 공기는 무거워지고 기압은 높아진다.

2. **고기압과 저기압**

① 차가운 공기는 따뜻한 공기보다 일정한 부피에 공기 알갱이가 더 많아 무겁고 기압이 더 높다.

② 상대적으로 공기가 무거운 것을 고기압이라고 하고, 상대적으로 공기가 가벼운 것을 저기압이라고 한다.

3. **바람**: 어느 두 지점 사이에 기압 차가 생기면 공기는 고기압에서 저기압으로 이동한다. 이와 같이 기압 차로 공기가 이동하는 것을 바람이라고 한다.

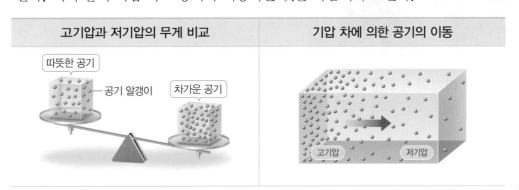

고기압과 저기압의 무게 비교	기압 차에 의한 공기의 이동

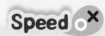

Speed o ✗

기압 차이에 의해 공기가 이동하는 것을 바람이라고 한다.

●정답 21쪽

---

1. **공기 덩어리**: 대륙이나 바다와 같이 넓은 곳을 덮고 있는 공기 덩어리가 한 지역에 오랫동안 머물게 되면 그 지역의 온도나 습도와 비슷한 성질을 갖게 된다.

2. **우리나라에 영향을 주는 공기 덩어리**

① 한 지역에 새로운 공기 덩어리가 이동해 오면 그 지역의 온도와 습도는 새롭게 이동해 온 공기 덩어리의 영향을 받으며, 우리나라의 날씨는 계절별로 서로 다른 특징이 있다.

② 대륙에서 이동해 오는 공기 덩어리는 건조하고, 바다에서 이동해 오는 공기 덩어리는 습하

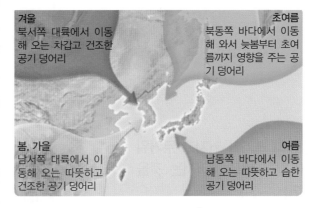

겨울
북서쪽 대륙에서 이동해 오는 차갑고 건조한 공기 덩어리

초여름
북동쪽 바다에서 이동해 와서 늦봄부터 초여름까지 영향을 주는 공기 덩어리

봄, 가을
남서쪽 대륙에서 이동해 오는 따뜻하고 건조한 공기 덩어리

여름
남동쪽 바다에서 이동해 오는 따뜻하고 습한 공기 덩어리

다. 북쪽에서 이동해 오는 공기 덩어리는 차갑고, 남쪽에서 이동해 오는 공기 덩어리는 따뜻하다.

Speed o ✗

우리나라의 겨울에는 북서쪽에서 이동해 오는 공기 덩어리의 영향으로 춥고 건조하다.

●정답 21쪽

구름, 비, 눈

[01~02] 다음과 같이 페트병에 액정 온도계를 넣은 뒤, 공기 주입 마개를 이용해 페트병 안에 공기를 넣었습니다. 그리고 페트병 안 온도가 더 이상 변하지 않을 때 공기 주입 마개의 뚜껑을 열었습니다. 물음에 답하시오.

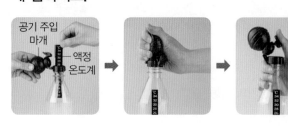

01 위 실험 결과, 공기 주입 마개의 뚜껑을 열었을 때 나타나는 현상으로 옳은 것을 골라 기호를 쓰시오.

> ㉠ 페트병 안의 온도가 올라간다.
> ㉡ 페트병 안이 뿌옇게 흐려진다.
> ㉢ 페트병 안이 진공 상태가 된다.

(   )

02 위 **01**번 페트병 안에서 볼 수 있는 현상은 자연 현상에서 무엇이 만들어지는 현상과 비슷한지 쓰시오.

(   )

03 구름 속 얼음 알갱이의 크기가 커지고 무거워져 떨어질 때, 녹지 않은 채로 떨어지는 것을 무엇이라고 합니까? (   )

① 비   ② 눈
③ 이슬   ④ 안개
⑤ 수증기

04 이슬, 안개, 구름이 만들어지는 과정의 공통점을 쓰시오.

이슬   안개   구름

_____

_____

저기압과 고기압

05 다음 빈칸에 들어갈 알맞은 말을 각각 쓰시오.

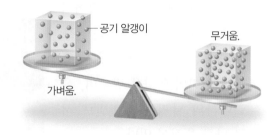

공기 알갱이   무거움.

가벼움.

> 상대적으로 공기가 무거워 기압이 높은 것을 (㉠)(이)라고 하고, 상대적으로 공기가 가벼워 기압이 낮은 것을 (㉡)(이)라고 한다.

㉠ (   )
㉡ (   )

06 다음은 어느 지역 공기 알갱이의 분포를 나타낸 모습입니다. 공기가 이동하는 방향을 바르게 나타낸 것의 기호를 쓰시오.

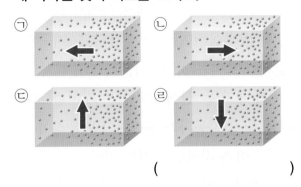

( )

열동 현상

08 공기 덩어리의 성질에 대한 설명으로 ( ) 안의 알맞은 말에 각각 ○표 하시오.

> 대륙에서 이동해 오는 공기 덩어리는 ㉠ (건조, 습)하고, 바다에서 이동해 오는 공기 덩어리는 ㉡ (건조, 습)하다.

[09~10] 다음은 우리나라의 계절별 날씨에 영향을 미치는 공기 덩어리를 나타낸 그림입니다. 물음에 답하시오.

09 위의 ㉠ 공기 덩어리에 대해 <u>잘못</u> 설명한 사람의 이름을 쓰시오.

> • 민석: 따뜻하고 습한 공기 덩어리야.
> • 채현: 북서쪽 대륙에서 이동해 오는 공기 덩어리야.
> • 다인: 우리나라의 겨울에 영향을 주는 공기 덩어리야.

( )

07 우리나라 주변의 기압이 다음 그림과 같을 때 바람의 방향을 예상하여 빈칸에 화살표로 나타내시오.

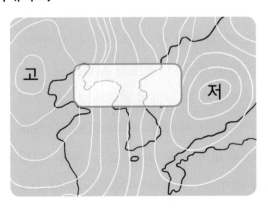

10 위 ㉠~㉣ 중 우리나라의 여름철 날씨에 영향을 미치는 공기 덩어리의 기호를 쓰시오.

( )

스스로 회전하는 지구

우리가 지구에서 하늘에 떠 있는 태양을 보면 아침에 동쪽에서 뜨고 저녁에 서쪽으로 지지. 하지만 사실은 태양이 움직이는 것이 아니고, 지구가 움직이기 때문에 태양이 움직이는 것처럼 보이는 것이란다.

달리는 자동차 안에서 보면 창문 밖에 있는 산이 움직이는 것처럼 보이는 것과 같은 원리이지. 산은 그 자리에 있고 자동차가 움직이지만 움직이는 자동차를 탄 우리가 볼 때에는 산이 움직이는 것처럼 보이는 거야.

지구는 자전축을 중심으로 하루에 한 바퀴씩 회전해. 이것을 '지구의 자전'이라고 하지. 지구는 자전할 때 시계 반대 방향인 서쪽에서 동쪽으로 회전하기 때문에 마치 태양이 동쪽에서 서쪽으로 움직이는 것처럼 보이는 거야.

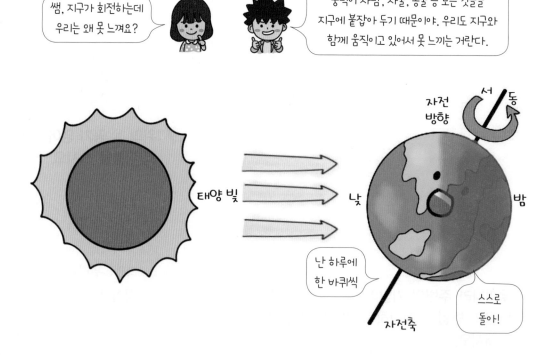

● 정답 22쪽

도전! 초성 용어

어떤 것을 축으로 물체 자체가 빙빙 돎.

천체가 스스로 고정된 축을 중심으로 회전함.

지구가 자전하고 있기 때문에 우리가 관찰할 수 있는 현상들이 있어. 지구가 자전하면서 하늘에 떠 있는 해와 달이 동쪽에서 뜨고 서쪽으로 지는 것처럼 보여. 또 낮과 밤이 생기는 것도 지구가 자전하기 때문이지. 지구가 자전하면서 태양을 향하는 쪽은 태양의 빛을 받아 밝은 낮이 되고, 태양의 반대쪽에 있는 곳들은 태양의 빛을 받지 못해 어두운 밤이 되는 거야. 이렇게 지구가 하루에 한 바퀴씩 돌기 때문에 매일 낮과 밤이 반복되는 것이란다.

점점 느려지는 지구의 자전 속도

산호에는 성장선이 있어. 성장하면서 하루에 하나씩 만들어지기 때문에 이 선으로 나이를 추정할 수 있지.
미국의 고생물학자 존웰스는 고생대 산호 화석의 성장선 개수가 현재의 산호보다 지나
치게 많다는 걸 발견했어. 산호의 성장선이 많을수록 하루의 길이가 짧다는 것
을 의미하는데 말이야. 즉, 현재는 과거에 비해 지구의 자전 속도가 느려졌
고 결국 오늘날의 하루 길이가 길어졌다는 것이지. 이런 속도로 지구의
자전 속도가 느려진다면 약 75억 년 뒤에는 지구의 자전이 완전히 멈출
거라고 과학자들은 예상한단다.

● 정답 22쪽

1 지구의 자전에 대해 알맞은 문장이 되도록 선으로 이으세요.

지구는 자전축을 중심으로 하루에	·	·	시계 반대 방향이다.
지구가 자전하는 방향은	·	·	지구가 자전하기 때문이다.
낮과 밤이 생기는 이유는	·	·	한 바퀴씩 회전한다.

2 지구가 자전하기 때문에 낮과 밤이 생겨요. 다음 그림에서 우리나라가 낮일 때 태양
의 위치로 알맞은 것을 골라 색칠하세요.

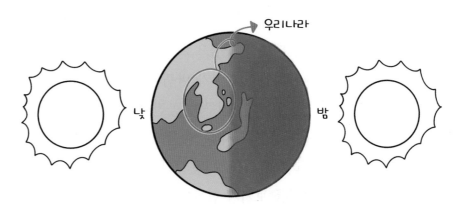

관련 단원 | **6학년** 지구와 달의 운동

태양 둘레를 도는 지구

지구는 자전축을 중심으로 하루에 한 바퀴씩 도는 자전을 해. 그렇기 때문에 낮과 밤이 생기지. 그런데 지구가 자전만 하는 것은 아니란다.

지구의 자전

지구는 태양을 중심으로 1년에 한 바퀴씩 도는 '공전'도 해. 지구의 자전이 제자리에서 도는 거라면 지구의 공전은 태양의 둘레를 도는 거야. 자전과 마찬가지로 공전도 서쪽에서 동쪽의 시계 반대 방향으로 이뤄진단다.

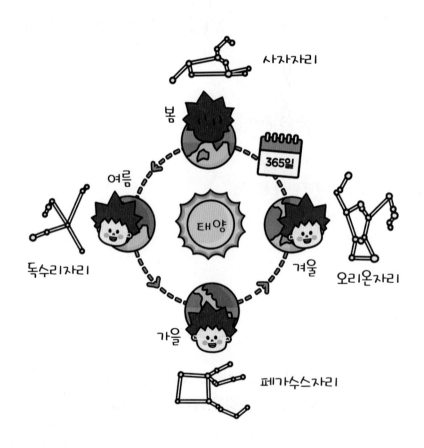

도전! **초성 용어**

사물의 테두리나 바깥 경계의 부분.

한 행성 등이 다른 행성 등의 둘레를 주기적으로 도는 일. 지구는 1년에 한 바퀴씩 ○○함.

● 정답 22쪽

지구가 태양을 중심으로 공전하기 때문에 계절이 변하고, 계절별로 볼 수 있는 대표적인 별자리가 바뀌어. 사실 우리가 밤하늘에서 볼 수 있는 별들은 제자리에 있는데, 지구가 공전하면서 위치가 바뀌기 때문에 일어나는 현상이야. 봄에는 사자자리, 여름에는 독수리자리, 가을에는 페가수스자리, 겨울에는 오리온자리를 오랜 시간 동안 볼 수 있단다. 각 계절에는 태양쪽에 있는 별자리를 보기가 힘든데, 이는 태양의 빛이 밝기 때문이지.

참쌤이 들려주는

과학이야기 행성이 공전하는 데 걸리는 시간

태양계를 구성하는 행성인 수성, 금성, 지구, 화성, 목성, 토성, 천왕성, 해왕성은 모두 태양을 중심으로 그 주위를 도는 공전을 해. 하지만 공전할 때 지나는 길과 공전하는 데 걸리는 시간은 각각 다르지. 지구는 공전하는 데 1년이 걸리지만 수성은 88일, 금성은 225일, 화성은 687일, 목성은 11.9년, 토성은 29.5년, 천왕성은 84년, 해왕성은 165년이 걸려. 태양으로부터의 거리가 멀어질수록 더 많은 시간이 걸린단다.

확인해 봐요!

● 정답 22쪽

1 지구는 태양을 중심으로 1년에 한 바퀴씩 도는 공전을 해요. 아래 그림에 지구가 공전하는 방향을 화살표로 나타내세요.

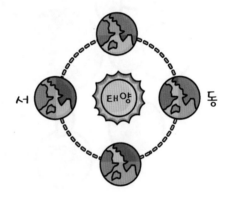

서   태양   동

2 지구와 태양의 위치가 아래 그림과 같을 때, 지구에서 가장 보기 힘든 별자리의 기호를 골라 쓰세요.

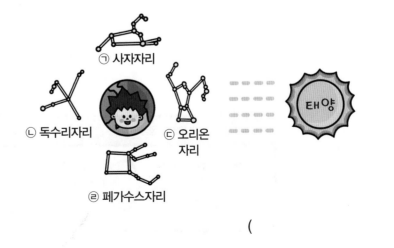

㉠ 사자자리

㉡ 독수리자리   ㉢ 오리온자리

태양

㉣ 페가수스자리

(   )

51. 태양 둘레를 도는 지구 **175**

달의 모양 변화

여러 날 동안 밤하늘의 달을 관찰하면 달의 모양이 변하는 것을 볼 수 있어. 달의 모양이 어떻게 변하고, 왜 변하는지 알아보자.

달의 모양이 변하는 까닭은 달이 지구 둘레를 공전하기 때문이야. 달이 태양의 빛을 받아 빛난다는 사실을 알고 있니? 달이 공전하면서 태양의 빛을 받는 부분의 모양이 달라지고, 이것을 우리가 지구에서 관찰하기 때문에 날짜에 따라서 달의 모양이 변하는 거지.

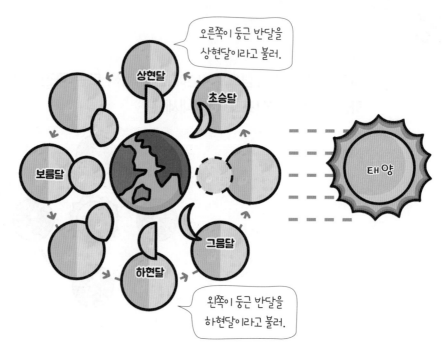

옛날 사람들은 달의 모양이 변하는 과정(달이 지구 둘레를 한 바퀴 공전할 때 걸리는 시간)을 기준으로 하여 달력을 만들었는데, 그게 바로 음력이야. 달의 모양이 변하는 과정은 약 29.5일이 걸리기 때문에 음력에서의 한 달이 29일 또는 30일이 되는 등 딱 떨어지지 않아. 따라서 현재에는 음력 날짜는 잘 사용하지 않게 됐어.

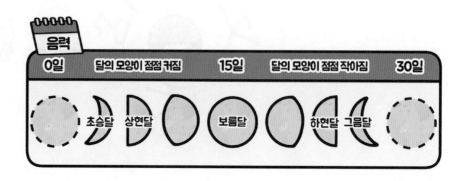

도전! **초성 용어**

① ㅅ ㅎ ㄷ

오른쪽이 둥근 반달을 부르는 말로, 매달 음력 7~8일경 초저녁에 남쪽 하늘에서 떠서 자정에 서쪽 하늘로 지는 달.

② ㅇ ㄹ

달의 모양이 변하는 과정(달이 지구를 한 바퀴 공전하는 데 걸리는 시간. 즉 공전 주기)을 기준으로 하여 만든 달력.

●정답 22쪽

참쌤이 들려주는 과학이야기

음력과 관련된 명절

음력과 관련된 우리나라의 명절에는 설날, 정월 대보름, 추석 등이 있어. 설날에는 달이 거의 보이지 않으며 음력 1월 1일이야. 정월 대보름은 새해 첫 보름달을 볼 수 있는 음력 1월 15일이지. 추석은 음력 8월 15일로, 보름달을 볼 수 있어.

입춘이나 동지와 같은 24절기도 음력에 따른 것으로 생각할 수 있는데, 24절기는 지구가 태양의 주위를 한 바퀴 공전할 때 걸리는 시간에 따라 만든 거야.

농사에는 햇빛과 계절의 변화가 중요하기 때문에 태양의 변화에 맞추어 24절기를 만든 거지.

● 정답 22쪽

1 지구, 달, 태양의 위치가 다음과 같을 때, 우리가 지구에서 본 달의 모양에 따른 이름을 쓰세요.

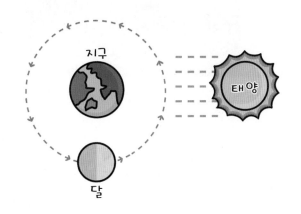

(   )

2 예슬이는 여러 날 동안 변하는 달의 모양을 보면서 관찰 일지를 썼어요. 관찰 일지의 빈칸(2일, 8일, 15일)에 들어갈 알맞은 달의 모양을 모두 그려 넣으세요.

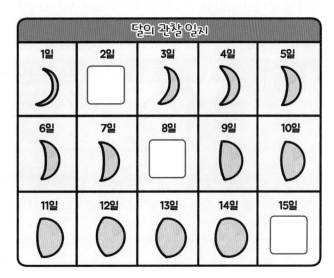

50 스스로 회전하는 지구

1. 지구의 자전

자전축	지구의 북극과 남극을 이은 가상의 직선이다.
지구의 자전	지구가 자전축을 중심으로 하루에 한 바퀴씩 회전하는 것이다.
지구의 자전 방향	지구는 서쪽에서 동쪽(시계 반대 방향)으로 자전한다.

2. 하루 동안 태양과 달의 위치 변화: 하루 동안 태양과 달 모두 동쪽 하늘에서 남쪽 하늘을 지나 서쪽 하늘로 움직이는 것처럼 보인다.

구분	태양	달
모습	동 남 서	동 남 서

3. 하루 동안 태양과 달의 위치가 달라지는 까닭: 지구가 서쪽에서 동쪽으로 자전하기 때문이다.

4. 낮과 밤이 생기는 까닭

교과서 실험 🥄 낮과 밤이 생기는 까닭 알아보기

실험 동영상

과정 ❶ 전등으로부터 30cm 떨어진 곳에 지구의를 놓고 우리나라 위치에 관측자 모형을 붙인다.
❷ 전등을 켜고 지구의를 서쪽에서 동쪽(시계 반대 방향)으로 천천히 돌린다.
❸ 우리나라가 낮일 때와 밤일 때 관측자 모형은 어디에 있는지 관찰한다.

결과

우리나라가 낮일 때	우리나라가 밤일 때
관측자 모형 / 갓 없는 전등	갓 없는 전등 / 관측자 모형

지구가 자전하면서 태양 빛을 받는 쪽은 낮이 되고, 태양 빛을 받지 못하는 쪽은 밤이 된다.

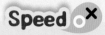
Speed ⭕❌

지구가 자전하기 때문에 지구에 낮과 밤이 생긴다.

⬜ ● 정답 22쪽

51 태양 둘레를 도는 지구

1. **지구의 공전**: 지구가 태양을 중심으로 일 년에 한 바퀴씩 서쪽에서 동쪽(시계 반대 방향)으로 일정한 길을 따라 회전하는 것이다.

2. **계절에 따라 보이는 별자리**: 계절에 따라 잘 보이는 별자리를 그 계절의 대표적인 별자리라고 한다.

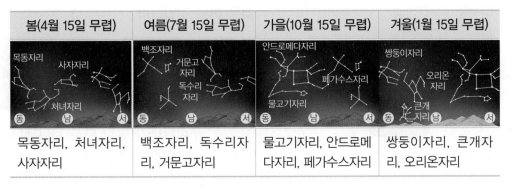

봄(4월 15일 무렵)	여름(7월 15일 무렵)	가을(10월 15일 무렵)	겨울(1월 15일 무렵)
목동자리, 처녀자리, 사자자리	백조자리, 독수리자리, 거문고자리	물고기자리, 안드로메다자리, 페가수스자리	쌍둥이자리, 큰개자리, 오리온자리

3. **계절에 따라 보이는 별자리가 달라지는 까닭**: 지구가 태양 주위를 공전하기 때문에 계절에 따라 지구의 위치가 달라지고, 지구의 위치에 따라 밤에 보이는 별자리가 달라진다.

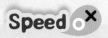

Speed ⓞ ✕

지구가 자전하기 때문에 계절에 따라 보이는 별자리가 달라진다.

☐ ● 정답 22쪽

52 달의 모양 변화

1. **여러 날 동안 달의 모양 변화**: 달이 15일 동안 오른쪽 부분이 보이기 시작하면서 점점 왼쪽으로 커지다가 보름달이 되면 이후 15일 동안 오른쪽이 점점 보이지 않게 되고 작아진다.

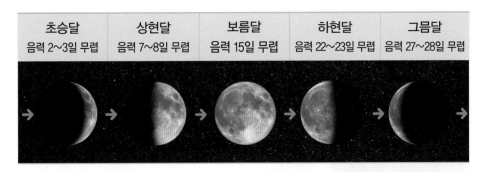

초승달 음력 2~3일 무렵	상현달 음력 7~8일 무렵	보름달 음력 15일 무렵	하현달 음력 22~23일 무렵	그믐달 음력 27~28일 무렵

2. **여러 날 동안 달의 위치 변화**

① 여러 날 동안 태양이 진 직후 초승달은 서쪽 하늘, 상현달은 남쪽 하늘, 보름달은 동쪽 하늘에서 보인다.

② 달은 서쪽에서 동쪽으로 날마다 조금씩 위치를 옮겨 가고, 모양은 초승달에서 상현달, 보름달로 달라진다.

Speed ⓞ ✕

여러 날 동안 같은 시각에 달을 관찰하면 달은 서쪽에서 동쪽으로 조금씩 위치가 옮겨 간다.

☐ ● 정답 22쪽

스스로 회전하는 지구

01 지구의 자전 방향을 옳게 나타낸 것의 기호를 쓰시오.

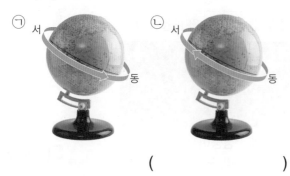

(   )

02 하루 동안 보름달의 위치가 동쪽 하늘에서 남쪽 하늘을 지나 서쪽 하늘로 움직이는 것처럼 보이는 까닭을 쓰시오.

_____

_____

[03~05] 지구에 낮과 밤이 생기는 까닭을 알아보기 위해 오른쪽과 같이 장치하고 우리나라 위치에 관측자 모형을 붙였습니다. 물음에 답하시오.

03 위 실험에서 전등이 실제로 나타내는 것은 무엇인지 쓰시오.

(   )

04 앞 실험에서 지구의를 돌려 관찰한 결과가 다음과 같을 때 ㈎와 ㈏에 대한 설명으로 옳은 것은 어느 것입니까? (   )

① ㈎는 우리나라가 밤일 때를 나타낸다.
② ㈏는 우리나라가 낮일 때를 나타낸다.
③ ㈎는 관측자 모형이 전등 빛을 받지 못한다.
④ ㈏는 관측자 모형이 전등 빛을 받는다.
⑤ 지구에서는 하루에 한 번씩 ㈎와 ㈏가 번갈아 나타난다.

05 앞 실험을 통해 알게 된 것을 정리했습니다. 빈칸에 들어갈 알맞은 말을 각각 쓰시오.

> 지구는 하루에 한 바퀴씩 자전하기 때문에 태양 빛을 받은 쪽은 (㉠   )이 되고, 태양 빛을 받지 못하는 쪽은 (㉡   )이 된다.

㉠ (   )

㉡ (   )

태양 둘레를 도는 지구

06 다음은 지구가 태양의 주위를 공전하는 모습입니다. 이에 대한 설명으로 옳지 <u>않은</u> 것은 어느 것입니까? (　　　)

① 지구는 일 년에 한 바퀴씩 공전한다.
② 지구가 태양을 중심으로 회전하는 것이다.
③ 지구가 공전하기 때문에 낮과 밤이 생긴다.
④ 지구가 공전하기 때문에 계절의 변화가 생긴다.
⑤ 지구는 서쪽에서 동쪽(시계 반대 방향)으로 공전한다.

07 다음 중 여름철 대표적인 별자리를 나타낸 것은 어느 것입니까? (　　　)

①
안드로메다자리
페가수스자리
물고기자리

②
쌍둥이자리
오리온자리
큰개자리

③
사자자리
목동자리
처녀자리

④
거문고자리
백조자리
독수리자리

08 계절에 따라 보이는 별자리가 달라지는 까닭으로 옳은 것을 골라 기호를 쓰시오.

> ㉠ 지구가 자전하기 때문이다.
> ㉡ 지구가 태양을 중심으로 공전하기 때문이다.
> ㉢ 별자리가 지구를 중심으로 그 주변을 공전하기 때문이다.

(　　　　　　　)

달의 모양 변화

[09~10] 다음은 여러 날 동안 볼 수 있는 달의 다양한 모양입니다. 물음에 답하시오.

(가) 　(나) 　(다)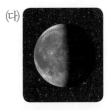

09 위 (가)~(다) 중 음력 22~23일 무렵에 볼 수 있는 달의 기호와 이름을 쓰시오.

(　　　　　　　)

10 위 (나)와 같은 모양의 달이 보인 후, 약 5일 후에 볼 수 있는 달의 모양을 빈칸에 그리시오.

달라지는 태양의 높이

이른 아침, 떠오르는 태양을 본 적이 있니? 지구에서 볼 때 태양은 아침에 떠오르기 시작해서 낮 12시 30분에 가장 높게 뜨고, 그 이후로는 점차 낮아지기 시작해. 태양은 하루 동안 시간에 따라 지표면과 이루는 각도가 달라지는데, 태양이 지표면과 이루는 각도를 '태양 고도'라고 부른단다. 또 하루 중 태양이 가장 높게 떴을 때의 고도는 태양의 '남중 고도'라고 불러.

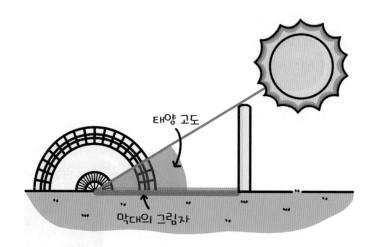

태양 고도

막대의 그림자

태양 고도는 그림자 길이, 기온과도 관련이 있어. 태양 고도가 높아질수록 그림자 길이가 짧아진단다. 그래서 태양의 남중 고도는 그림자 길이가 가장 짧아졌을 때라고 할 수 있지. 또 태양 고도가 높아질수록 지표면이 받는 태양 에너지가 집중되어 기온이 높아져.

태양 에너지는 지표면을 데우고 데워진 지표면에 의해 공기가 데워지지. 공기가 데워질 때까지는 시간이 더 걸리기 때문에 하루 중 기온이 가장 높을 때는 태양 고도가 가장 높을 때보다 늦단다.

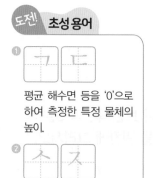

도전! 초성 용어

ㄱ ㄷ

평균 해수면 등을 '0'으로 하여 측정한 특정 물체의 높이.

ㅅ ㅈ

직선과 직선, 직선과 평면, 평면과 평면 등이 서로 만나 직각을 이루는 상태.

● 정답 23쪽

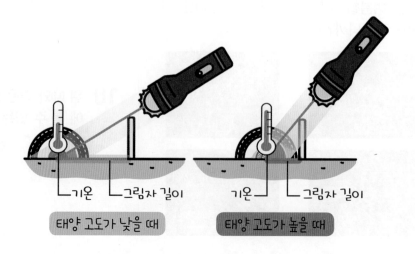

기온 ┗ 그림자 길이   기온 ┗ 그림자 길이

태양 고도가 낮을 때   **태양 고도가 높을 때**

참쌤이 들려주는 과학 이야기

조상의 지혜가 담긴 한옥의 처마

한옥의 처마는 폭이 넓으면서 끝으로 갈수록 위쪽으로 살짝 들리는 형태로 지어졌어. 이는 우리 조상들이 집 안으로 어느 정도 햇빛이 들어오도록 하기 위해 만든 아주 과학적인 지붕이지. 태양의 남중 고도가 높은 여름에는 햇빛이 처마에 가려져 집 안으로 깊숙하게 들어오지 못하고, 태양의 남중 고도가 낮은 겨울에는 햇빛이 집 안으로 깊숙하게 들어와 방을 따뜻하게 해 줄 수 있는 거란다.

● 정답 23쪽

1 태양 고도가 영향을 주는 것에 모두 ○표 하세요.

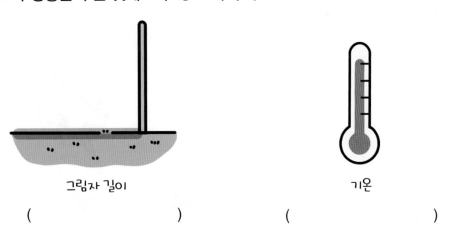

그림자 길이   기온

(   )   (   )

2 아래 그림에 태양 고도를 그려서 나타내 보세요.

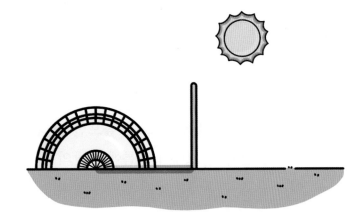

계절이 바뀌는 까닭

자전축

봄이 지나면 여름이 오고, 여름이 지나면 가을이 오지. 이렇게 계절에 변화가 생기는 까닭은 무엇일까? 지구가 하루에 한 바퀴씩 자전축을 중심으로 자전한다는 것을 알고 있을 거야. 바로 이 자전축이 기울어져 있기 때문에 계절이 바뀌어. 지구는 자전축이 23.5° 기울어진 상태로 자전하면서 동시에 1년에 한 바퀴씩 태양 둘레를 공전하는 것이지.

지구의 자전축이 기울어진 채 태양 주위를 공전하기 때문에 지구의 위치에 따라 태양의 남중 고도가 달라지게 돼. 북반구에 위치한 우리나라는 여름이 겨울보다 태양의 남중 고도가 높아. 그래서 태양 에너지를 더 강하게 받기 때문에 여름이 겨울보다 더운 거야.

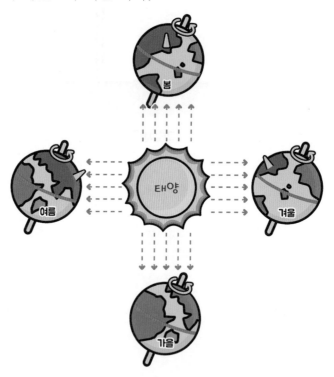

도전! 초성 용어

① ㄱ ㅈ

봄, 여름, 가을, 겨울과 같이 되풀이되는 자연 현상에 따라 일 년을 구분한 것.

② ㅈ ㅈ ㅊ

자전을 할 때 중심이 되는 축. 지구의 경우 남극과 북극을 연결한 직선

● 정답 23쪽

태양의 남중 고도는 낮의 길이에도 영향을 준단다. 남중 고도가 낮으면 낮의 길이가 짧아지고 남중 고도가 높으면 낮의 길이가 길어져. 그래서 여름에는 낮의 길이가 길고, 겨울에는 낮의 길이가 짧지.

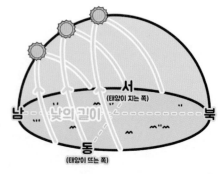

과학 이야기

참쌤이 들려주는

한여름의 크리스마스

추운 겨울을 기다리게 만드는 크리스마스. 우리나라의 크리스마스에는 춥고 눈이 오기도 하는데, 어떤 나라에서는 짧은 옷을 입어야 할 정도로 덥다고 해. 바로 나라가 있는 위치 때문이야. 우리가 사는 지구는 적도를 기준으로 북반구와 남반구로 나뉘고, 각각 위와 아래로 서로 반대되는 위치에 있지. 태양 빛이 비추는 방향도 반대이기 때문에 북반구가 여름일 때 남반구는 겨울, 북반구가 겨울일 때 남반구는 여름이 된단다. 그래서 남반구의 호주와 같은 나라의 크리스마스는 한여름의 크리스마스가 되는 거야.

● 정답 23쪽

1 계절의 변화가 생길 수 있도록 아래의 지구 그림에 자전축을 그려 보세요.

2 다음은 사계절 동안 소연이가 본 태양이 지나가는 길과 높이를 나타낸 것이에요. 태양이 지나가는 길을 잘 보고, 여름과 겨울로 구분하여 기호를 쓰세요.

여름: (   )

겨울: (   )

53 달라지는 태양의 높이

1. 태양 고도: 태양이 지표면과 이루는 각으로 나타낸다.

구분	태양이 낮게 떠 있을 때	태양이 높이 떠 있을 때
모습	태양이 지표면과 이루는 각이 작음.	태양이 지표면과 이루는 각이 큼.
태양 고도	낮다.	높다.

2. 태양의 남중 고도: 하루 중 태양이 정남쪽에 위치해 태양 고도가 가장 높을 때 태양이 남중했다고 하며, 이 때의 고도를 태양의 남중 고도라고 한다.

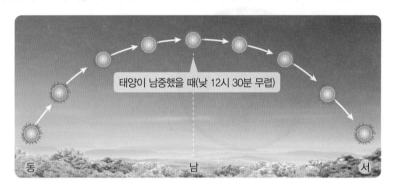

태양이 남중했을 때(낮 12시 30분 무렵)

동 남 서

3. 하루 동안의 태양 고도, 그림자 길이, 기온의 관계

① 태양 고도와 그림자 길이의 관계: 태양 고도가 높아지면 그림자 길이는 짧아진다.

② 태양 고도와 기온의 관계: 태양 고도가 높아지면 기온도 높아지지만, 기온이 가장 높게 나타나는 시각은 태양이 남중한 시각보다 약 두 시간 정도 뒤이다.

③ 태양 고도가 높아지는 것보다 기온이 늦게 높아지는 까닭: 지표면이 데워져 공기의 온도가 높아지는 데에는 시간이 더 걸리기 때문이다.

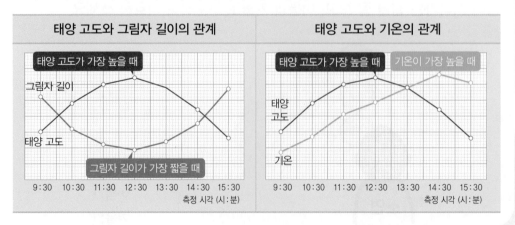

태양 고도와 그림자 길이의 관계	태양 고도와 기온의 관계
태양 고도가 가장 높을 때 / 그림자 길이 / 태양 고도 / 그림자 길이가 가장 짧을 때 / 9:30 10:30 11:30 12:30 13:30 14:30 15:30 측정 시각 (시:분)	태양 고도가 가장 높을 때 / 기온이 가장 높을 때 / 태양 고도 / 기온 / 9:30 10:30 11:30 12:30 13:30 14:30 15:30 측정 시각 (시:분)

Speed O X

태양 고도가 높아지면 그림자의 길이는 짧아 지고 기온은 낮아진다.

● 정답 **24**쪽

54 계절이 바뀌는 까닭

1. 계절에 따라 기온이 달라지는 까닭

① 태양의 남중 고도가 높아지면 일정한 면적의 지표면에 도달하는 태양 에너지양이 많아지고, 지표면에 도달하는 태양 에너지양이 많아지면 지표면이 더 많이 데워져 기온이 높아진다.

② 계절에 따라 태양의 남중 고도가 달라지기 때문에 계절에 따라 기온이 달라진다.

교과서 실험 🔆 **태양의 남중 고도에 따른 기온 변화 비교하기**

| 과정 | ❶ 페트리 접시 두 개에 모래를 채운다.
❷ 전등과 모래가 이루는 각을 하나는 크게, 다른 하나는 작게 하여 전등과 모래 사이의 거리가 20cm가 되도록 설치한다.
❸ 적외선 온도계로 두 페트리 접시에 담긴 모래의 온도를 각각 측정한다.
❹ 전등을 동시에 켜고 3~5분이 지난 뒤, 두 페트리 접시에 담긴 모래의 온도를 각각 다시 측정한다.

| 결과 |

전등과 모래가 이루는 각이 클 때(여름)	전등과 모래가 이루는 각이 작을 때(겨울)
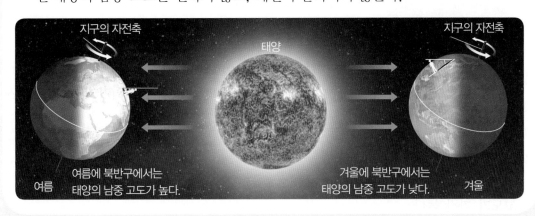	
• 모래의 온도가 전등과 모래가 이루는 각이 작을 때보다 많이 올라간다.
• 여름에는 태양의 남중 고도가 높아 기온이 높다.	• 모래의 온도가 전등과 모래가 이루는 각이 클 때보다 적게 올라간다.
• 겨울에는 태양의 남중 고도가 낮아 기온이 낮다.

2. 계절의 변화가 생기는 까닭

① 지구의 자전축은 공전 궤도면에 대해 약 23.5° 기울어진 채 태양 주위를 공전한다.

② 지구의 자전축이 기울어진 채 태양 주위를 공전하기 때문에 지구의 위치에 따라 태양의 남중 고도가 달라지고, 계절이 달라진다.

③ 지구의 자전축이 공전 궤도면에 수직이거나 지구가 태양 주위를 공전하지 않는다면 태양의 남중 고도는 변하지 않고, 계절이 달라지지 않는다.

Speed ⭕❌

지구의 자전축이 기울어진 채 태양 주위를 공전하기 때문에 계절이 달라진다.

●정답 24쪽

달라지는 태양의 높이

01 다음 중 태양 고도를 옳게 표현한 것은 어느 것입니까? (   )

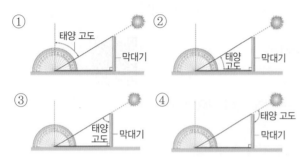

02 다음은 하루 동안 태양의 움직임을 나타낸 것입니다. 태양이 ㉠ 위치에 있을 때에 대한 설명으로 옳지 <u>않은</u> 것은 어느 것입니까? (   )

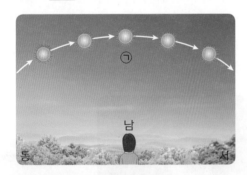

① 낮 12시 30분 무렵이다.
② 태양의 남중 고도라고 한다.
③ 태양이 정남쪽에 왔을 때이다.
④ 그림자 길이가 하루 중 가장 길다.
⑤ 하루 중 태양의 고도가 가장 높다.

[03~04] 하루 동안의 태양 고도, 그림자 길이, 기온의 변화를 나타낸 그래프를 보고, 물음에 답하시오.

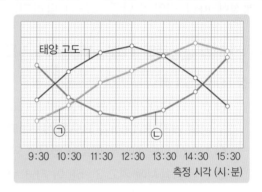

03 위 그래프의 ㉠과 ㉡이 나타내는 것은 무엇인지 각각 쓰시오.

㉠ (   )
㉡ (   )

04 위 그래프에 대한 설명으로 가장 알맞은 것은 어느 것입니까? (   )

① 기온은 낮 12시 30분 무렵에 가장 높다.
② 태양 고도가 높아지면 기온이 높아진다.
③ 태양 고도는 오후 2시 30분 무렵에 가장 높다.
④ 그림자 길이는 낮 12시 30분 무렵에 가장 길다.
⑤ 태양 고도가 높아지면 그림자 길이가 길어진다.

05 하루 동안 태양 고도가 가장 높은 때와 기온이 가장 높은 때의 시각에 차이가 나는 까닭을 쓰시오.

_____

_____

계절이 바뀌는 까닭

[06~07] 태양의 남중 고도에 따른 기온 변화를 알아보기 위해 다음과 같이 장치하였습니다. 물음에 답하시오.

(가)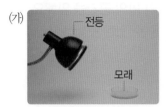
전등과 모래가 이루는
각이 작을 때

(나)
전등과 모래가 이루는
각이 클 때

06 위 실험에서 전등이 태양을 나타낸다면 전등과 모래가 이루는 각은 무엇을 나타내는지 쓰시오.

( )

07 위 실험에서 전등을 켜고 5분이 지난 뒤, 페트리 접시에 담긴 모래의 온도를 각각 측정하였을 때 (가)와 (나)의 온도를 비교하여 ○ 안에 >, =, <로 나타내시오.

08 계절에 따라 기온이 다른 까닭을 설명한 것으로 ( ) 안의 알맞은 말에 ○표 하시오.

여름에는 태양의 남중 고도가 ㉠ (낮아, 높아) 일정한 면적의 지표면에 도달하는 태양 에너지의 양이 많아지므로 지표면이 더 많이 데워져 기온이 ㉡ (낮아진다, 높아진다).

09 지구가 (가) 위치에 있을 때와 (나) 위치에 있을 때 북반구의 계절로 알맞은 것끼리 선으로 이으시오.

(가) •　　　　• 여름

(나) •　　　　• 겨울

10 다음과 같이 지구의 자전축이 공전 궤도면에 대해 수직인 채 공전한다고 할 때, 어떤 현상이 일어날 수 있는지 두 가지 골라 기호를 쓰시오.

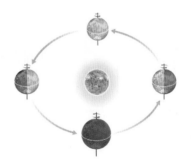

㉠ 계절이 변한다.
㉡ 계절이 변하지 않는다.
㉢ 낮과 밤이 변하지 않는다.
㉣ 태양의 남중 고도가 변하지 않는다.

( )

과학 탐구 토론

우주 공간의 소유권

우주 공간이란? 달, 화성 등과 같이 지구의 영향이 미치지 않는 대기 밖의 공간을 말해요. 우주 공간은 지구에 없는 자원들을 비롯해 무궁무진한 가능성을 얻을 수 있는 곳이에요.

우주 공간 소유권의 필요성

우주 공간에도
주인이 있어야 해!

주인 있음.

우리가 살고 있는 지구의 땅에는 소유권이 있어요. 소유권이란 물건을 지배하는 권리예요. 즉, 물건 주인의 권리라고 할 수 있지요. 땅의 소유권을 가진 주인은 땅을 잘 관리해야 하고, 땅을 마음껏 사용할 수도 있어요.

우주 공간도 지구의 땅과 마찬가지로 소유권이 필요해요. 주인을 정해서 우주 공간이 파괴되지 않도록 관리하고 우주에 있는 자원을 질서 있게 사용할 수 있도록 하자는 것이에요. 지금은 우주 공간의 주인이 없기 때문에 마음대로 우주 공간을 파는 사람이 있어요. 하지만 이런 거래는 아무도 인정해 주지 않기 때문에 피해를 보는 사람들이 생겨나지요. 이런 일을 막기 위해서라도 우주 공간의 주인을 정해야 해요.

♦ **소유권(所** 바 소, **有** 있을 유, **權** 권세 권) 물건의 가치를 가질 수 있는 권리.
♦ **자원(資** 재물 자, **源** 근원 원) 지하의 광물이나 수산물 등의 여러 가지 물자.

우주 공간 소유권의 문제점

우주 공간은 우리
모두의 것이야!

우주 공간은 우리 모두의 것이에요. 우주 협약에 따르면 우주는 우리 모두를 위해 개발되어야 하는 곳이에요. 특정한 사람이나 나라가 소유할 수 없어요.

우주는 미지의 땅이고 아무도 살고 있지 않기 때문에 소유권을 정하는 게 어려워요. 누구나 우주 공간의 주인이 되고 싶어 할 것이고, 아무도 양보하지 않으면 전쟁이 일어날 거예요. 그러면 세계 대전 등 역사 속 전쟁에서 강한 나라가 약한 나라를 지배하며, 많은 사람이 다치거나 죽고 평화가 깨진 것처럼 불행한 일들이 생겨날 거예요. 이런 일들을 막기 위해서라도 우주 공간은 소유권 없이 세계의 모든 사람들이 힘을 합쳐 연구하고 개발하며 관리하는 곳이어야 해요.

♦ **협약(協** 화합할 협, **約** 맺을 약) 국가와 국가 사이에 계약을 맺음.
♦ **미지(未** 아닐 미, **知** 알 지) 아직 모름.

우주 공간 소유권의 필요성과 문제점 정리해 보기

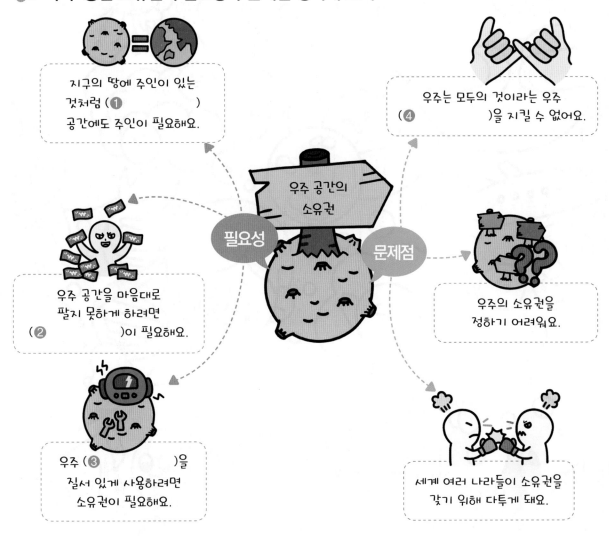

지구의 땅에 주인이 있는 것처럼 (❶   ) 공간에도 주인이 필요해요.

우주는 모두의 것이라는 우주 (❹   )을 지킬 수 없어요.

우주 공간을 마음대로 팔지 못하게 하려면 (❷   )이 필요해요.

우주의 소유권을 정하기 어려워요.

우주 (❸   )을 질서 있게 사용하려면 소유권이 필요해요.

세계 여러 나라들이 소유권을 갖기 위해 다투게 돼요.

필요성

문제점

우주 공간의 소유권

 '우주 공간의 소유권'에 대한 나의 의견 써 보기

지금까지 공부한 내용을 생각하며 비주얼씽킹 그림에
색칠해 보세요.

그림으로 생각하고 이해하는 **비주얼씽킹**

기초 초능력 능력
학습 강화

초능력 비주얼씽킹 과학

정답과 풀이

3권

초등 **5~6학년**

동아출판

정답과 풀이

물질

01 용해와 용액

도전! 초성 용어

① 용 질

② 용 매

확인해 봐요!

1 ■ 용액에 녹아 있는 물질이다. ▉

■ 어떤 액체에 물질을 녹일 때 그 액체를 가리킨다.
▉

■ 두 가지 이상의 물질이 균일하게 섞여 있는 액체이다.
▉

2

예 용질인 소금을 용매인 물에 녹여 소금물 용액을 만들었다.

02 여러 가지 지시약

도전! 초성 용어

① 지 시 약

② 염 기 성

확인해 봐요!

1 ■ ▉ : (염기성 용액)을 떨어뜨리면
(푸른)색으로 변한다.

■ ▉ : (산성 용액)을 떨어뜨리면
(붉은)색으로 변한다.

2
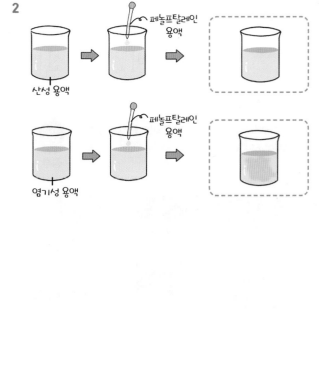

03 산성과 염기성

도전! 초성 용어

① 산 성

② 염 기 성

확인해 봐요!

1 민정

2

04 산성비

도전! 초성용어

❶ 산 성 비 ❷ 황 산

확인해 봐요!

1 산성비는 자동차에서 배출되는 물질이 섞여서 내려. ✓

정후

2

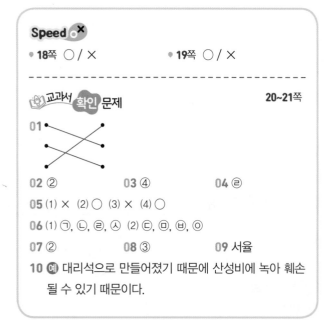

Speed ○ˣ

• **18쪽** ○ / ✕   • **19쪽** ○ / ✕

- -

교과서 확인 문제   20~21쪽

01 (교차선)

02 ②   03 ④   04 ㉣

05 (1) ✕ (2) ○ (3) ✕ (4) ○

06 (1) ㉠, ㉢, ㉣, ㉧ (2) ㉡, ㉣, ㉤, ㉥

07 ②   08 ③   09 서울

10 예 대리석으로 만들어졌기 때문에 산성비에 녹아 훼손될 수 있기 때문이다.

---

01 설탕과 같이 다른 물질에 녹는 물질을 용질, 물과 같이 다른 물질을 녹이는 물질을 용매, 설탕물과 같이 용질이 용매에 골고루 섞여 있는 것을 용액이라고 한다.

02 물의 양이 많을수록 소금이 많이 녹으므로, 물을 더 넣어 물의 양을 늘려주면 소금을 녹일 수 있다.

03 물의 온도가 높을수록, 물의 양이 많을수록 설탕이 많이 녹는다.

04 붉은색 리트머스 종이가 푸른색으로 변하고, 푸른색 리트머스 종이는 변화가 없는 것으로 보아 염기성 용액을 떨어뜨린 결과이다.

05 묽은 수산화 나트륨 용액은 염기성 용액으로, 푸른색 리트머스 종이에 떨어뜨리면 색깔 변화가 없다.

06 자주색 양배추 지시약은 산성 용액에서는 붉은색 계열의 색깔로 변하고, 염기성 용액에서는 푸른색이나 노란색 계열의 색깔로 변한다.

07 페놀프탈레인 용액을 떨어뜨렸을 때 색깔이 변하지 않고, 자주색 양배추 지시약을 떨어뜨렸을 때 붉은색 계열의 색깔로 변하는 용액은 산성 용액이다. 산성 용액에 대리석 조각을 넣으면 기포가 발생하면서 녹는다.

08 두부를 염기성 용액에 넣으면 두부가 녹아 흐물흐물해지고, 용액이 뿌옇게 흐려진다. 식초, 사이다, 레몬즙, 묽은 염산은 산성 용액이다.

09 달걀 껍데기를 녹일 수 있는 것은 산성 용액이다. 염기성 용액을 푸른색 리트머스 종이에 묻히면 색깔이 변하지 않는다.

10 대리석으로 만들어진 건축물이나 조각상이 쉽게 산성비에 녹아 훼손된다.

05 지구에 있는 산소
22~23쪽

도전! 초성용어

① 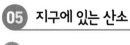 화 석 ② 심 장

확인해 봐요!

1 기린이

2

기문

06 질소와 액체 질소
24~25쪽

도전! 초성용어

① 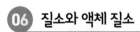 질 소 ② 냉 동

확인해 봐요!

1

2

색깔 X
냄새 X
맛 X

07 비행선에 쓰이는 기체
26~27쪽

도전! 초성용어

① 비 행 선 ② 폭 발

확인해 봐요!

1
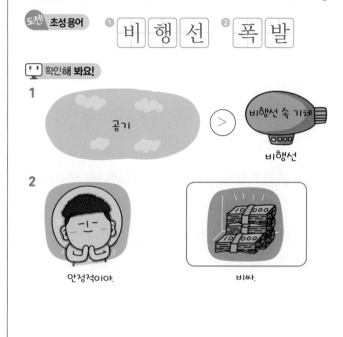
공기 > 비행선 속 기체
비행선

2
안정적이야.   비싸.

Speed O X

• 28쪽 ✕   • 29쪽 ○ / ○

- -

교과서 확인 문제
30~31쪽

01 ①   02 예 향불의 불꽃이 커진다.

03 ⑤   04 ④   05 질소

06 ②   07 ①   08 ③

09 석회수   10 (1) ○

01 묽은 과산화 수소수와 이산화 망가니즈가 만나면 산소가 발생한다.

02 산소가 들어 있는 집기병에 향불을 넣으면 향불의 불꽃이 커진다.

03 산소는 스스로 타지 않지만 다른 물질이 타는 것을 돕는다.

04 ①, ②, ③은 산소를 이용하는 경우이고, ④는 이산화 탄소를 이용하는 경우이다.

05 공기는 질소, 산소, 아르곤, 이산화 탄소 등 여러 가지 기체로 이루어져 있으며, 질소와 산소가 대부분을 차지한다.

06 식품의 내용물을 보존하거나 신선하게 보관하는 데 질소를 이용한다.

07 헬륨은 비행선이나 기구, 광고풍선 등에 넣어 공중에 띄우는 용도로 이용된다.

08 진한 식초와 탄산수소 나트륨이 만나면 이산화 탄소가 발생한다.

09 석회수는 이산화 탄소를 만나면 뿌옇게 되므로, 석회수로 이산화 탄소를 확인할 수 있다.

10 이산화 탄소는 다른 물질이 타는 것을 막는 성질이 있기 때문에 이산화 탄소가 모인 집기병에 향불을 넣으면 향불의 불꽃이 꺼진다.

08 불꽃색과 온도
32~33쪽

도전! 초성 용어 ❶ 연 소 ❷ 겉 불 꽃

확인해 봐요!

1

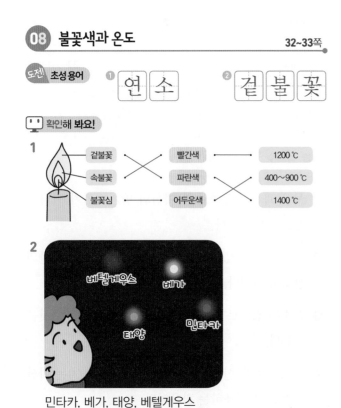

2

민타카, 베가, 태양, 베텔게우스

09 소화기의 원리
34~35쪽

도전! 초성 용어 ❶ 소 화 기 ❷ 발 화 점

확인해 봐요!

1 탈 물질, 산소, 발화점 이상의 온도

2 예

10 불로부터 문화재 지키기
36~37쪽

도전! 초성 용어 ❶ 화 재 ❷ 숭 례 문

확인해 봐요!

1

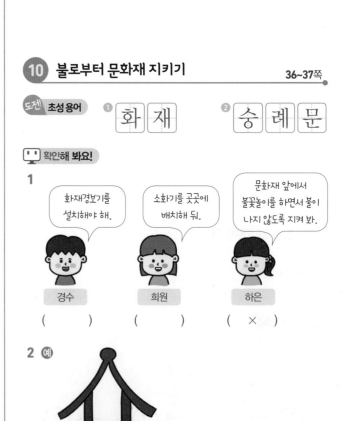

경수 ( ) 희원 ( ) 하은 (×)

2 예

Speed O✕

• 38쪽 ○   • 39쪽 ✕ / ✕

─────────────────────────────────

교과서 확인 문제   40~41쪽

01 ①, ②   02 >   03 (1) 열 (2) 빛
04 발화점   05 ②   06 붉은색
07 예 초가 연소하면서 물이 생기기 때문에 푸른색 염화
코발트 종이가 붉은색으로 변한다.
08 ④   09 ③, ④
10 (1) ✕ (2) ✕ (3) ○ (4) ○ (5) ○

01 초와 알코올이 탈 때 공통적으로 빛과 열이 발생하여 주변이 밝고 따뜻해진다.

02 초의 무게는 초에 불을 붙이기 전보다 초에 불을 붙인 후에 점점 줄어든다.

03 가스레인지의 가스를 태우면서 발생하는 열로 요리를 하고, 생일 케이크의 초가 타면서 발생하는 빛으로 주변을 밝게 한다.

04 물질이 불에 직접 닿지 않아도 타기 시작하는 온도를 발화점이라고 한다.

05 연소가 일어나려면 탈 물질과 산소가 있어야 하고, 온도가 발화점 이상이 되어야 한다.

06 푸른색 염화 코발트 종이는 물에 닿으면 붉게 변하는 성질이 있으므로, 푸른색 염화 코발트 종이가 붉은색으로 변하는 것을 보고 초가 연소한 후에 물이 생겼다는 것을 알 수 있다.

07 푸른색 염화 코발트 종이는 물에 닿으면 붉게 변하는 성질이 있다.

08 석회수에 이산화 탄소를 통과시키면 뿌옇게 흐려지는 성질이 있다. 무색투명하였던 석회수가 뿌옇게 흐려지는 것을 통해 초가 연소하면 이산화 탄소가 생긴다는 것을 알 수 있다.

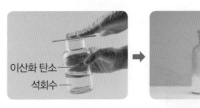
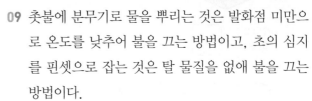

09 촛불에 분무기로 물을 뿌리는 것은 발화점 미만으로 온도를 낮추어 불을 끄는 방법이고, 초의 심지를 핀셋으로 잡는 것은 탈 물질을 없애 불을 끄는 방법이다.

10 화재가 발생하면 119에 신고하고, 승강기 대신 계단으로 대피한다.

과학 탐구 토론   합성 비타민   43쪽

생각 정리 ❶ 같아요 ❷ 싸요 ❸ 적어요

생각 쓰기 예 합성 비타민은 저렴한 가격에 많은 양을 만들 수 있기 때문에 많은 사람들이 부족한 비타민을 섭취할 수 있는 큰 장점이 있다. 그러나 만드는 과정에서 생길 수 있는 확인되지 않은 새로운 성분의 위험성에 대한 깊은 연구를 반드시 해야 한다고 생각한다.

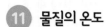

에너지

11 물질의 온도

 초성용어 ❶ 온 도 ❷ 기 온

 확인해 봐요!

1

| 새우튀김을 할 때 | V |

2 예
 16℃   43℃

물의 차갑거나 따뜻한 정도를 정확하게 알 수 있도록 온도를 표시했다.

12 온도계의 종류와 사용법

 초성용어 ❶ 체 온 계 ❷ 액 체 샘

 확인해 봐요!

1
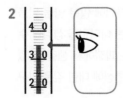

2
• 온도계의 온도: (35.0)℃

13 열의 이동

 초성용어 ❶ 전 도 ❷ 대 류

확인해 봐요!

1
| 액체, 기체 | 고체 | 기체 |

2

고체에서 열의 이동   액체에서 열의 이동

14 열의 이동을 줄이는 단열

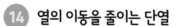 초성용어 ❶ 단 열 ❷ 전 도 율

확인해 봐요!

1
 냄비 손잡이 플라스틱   건축물 단열재 스타이로폼   충전형 손난로 표면 금속

2

방화복을 입지 않았을 때   방화복을 입었을 때

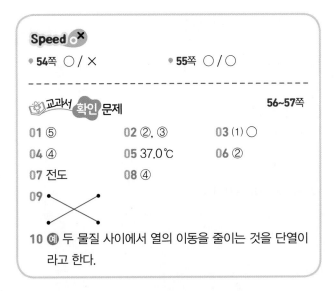

Speed O X
• 54쪽 ○ / ✕   • 55쪽 ○ / ○

교과서 확인 문제   56~57쪽

01 ⑤   02 ②, ③   03 (1) ○
04 ④   05 37.0℃   06 ②
07 전도   08 ④
09

10 ⓔ 두 물질 사이에서 열의 이동을 줄이는 것을 단열이
   라고 한다.

01 물질의 차갑거나 따뜻한 정도를 온도라고 하며,
   단위는 ℃(섭씨도)를 사용하여 나타낸다.

02 튀김 요리를 하거나 분유를 탈 때에는 온도를 정확
   하게 측정해야 한다.

03 귀 체온계는 몸의 온도(체온)를 측정할 때 사용한다.
   (2)와 (3)은 알코올 온도계에 대한 설명이다.

04 적외선 온도계는 고체 물질의 온도를 측정할 때 사
   용한다. 액체나 기체의 온도를 측정할 때에는 알
   코올 온도계를 사용한다.

05 알코올 온도계에서는 빨간색 액체가 멈춘 곳의 눈
   금을 읽어 온도를 알 수 있다.

06 열은 가열한 부분에서 멀어지는 방향으로 구리판
   을 따라 이동한다.

07 온도가 높은 곳에서 온도가 낮은 곳으로 고체 물질
   을 따라 열이 이동하는 것을 전도라고 한다.

08 고체에서 열의 이동 방법은 전도이고, 액체와 기
   체에서 열의 이동 방법은 대류이다.

09 따뜻한 공기는 위로 올라가므로 난로는 낮은 곳에
   설치해야 실내 전체가 따뜻해지고, 차가운 공기는
   아래로 내려오므로 에어컨은 높은 곳에 설치해야
   실내 전체가 시원해진다.

10 우리 생활에서 보온병, 이중 유리창, 건물 외벽,
   방한복 등에 단열을 이용하여 열의 이동을 줄인다.

---

15 물체의 운동   58~59쪽

도전! 초성용어   ① 위 치   ② 속 력

확인해 봐요!

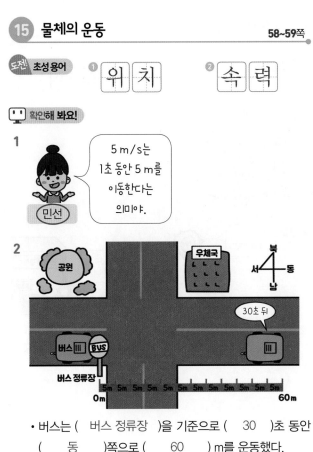

1

5 m/s는
1초 동안 5 m를
이동한다는
의미야.

민선

2

• 버스는 (버스 정류장)을 기준으로 (30)초 동안
  (동)쪽으로 (60) m를 운동했다.
• 버스의 속력: (2m/s)

---

16 속력의 단위   60~61쪽

도전! 초성용어   ① 분 속   ② 시 속

확인해 봐요!

1
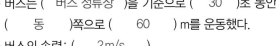

2
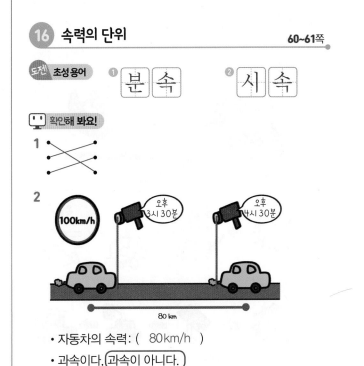

• 자동차의 속력: (80km/h)
• 과속이다. 과속이 아니다.

17 에너지의 종류

도전! 초성용어 ① 에 너 지 ② 화 석

확인해 봐요!

1 댓글 1 👍 👎
  댓글 2 👍 👎
  댓글 3 👍 👎

2 예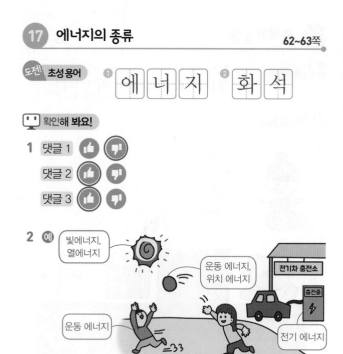
빛에너지, 열에너지
운동 에너지, 위치 에너지
전기차 충전소
운동 에너지
전기 에너지

18 에너지의 전환
64~65쪽

도전! 초성용어 ① 전 환 ② 위 치

확인해 봐요!

1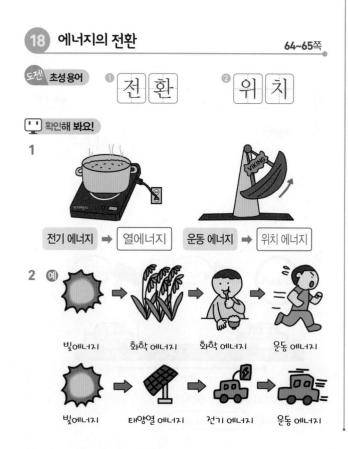
전기 에너지 ➡ 열에너지   운동 에너지 ➡ 위치 에너지

2 예
빛에너지 ➡ 화학 에너지 ➡ 화학 에너지 ➡ 운동 에너지
빛에너지 ➡ 태양열 에너지 ➡ 전기 에너지 ➡ 운동 에너지

19 롤러코스터의 에너지
66~67쪽

도전! 초성용어 ① 운 동 ② 보 존

확인해 봐요!

1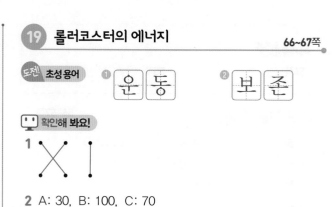

2 A: 30, B: 100, C: 70

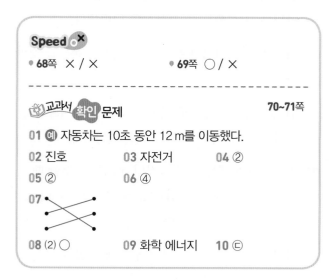

Speed O X
● 68쪽 X / X   ● 69쪽 ○ / X

- -

교과서 확인 문제
70~71쪽

01 예 자동차는 10초 동안 12 m를 이동했다.
02 진호   03 자전거   04 ②
05 ②   06 ④
07 (교차선)
08 (2) ○   09 화학 에너지   10 ㉢

01 물체의 운동은 물체가 운동하는 데 걸린 시간과 이동 거리로 나타낸다.

02 일정한 거리 100 m를 이동하는 데 짧은 시간이 걸린 선수가 긴 시간이 걸린 선수보다 더 빠르다.

03 3시간 동안 가장 짧은 거리를 이동한 자전거가 가장 느리고, 가장 긴 거리를 이동한 기차가 가장 빠르다.

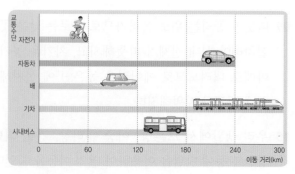

8 비주얼씽킹 초등 과학 3권 | 정답

04 속력의 단위에는 m/s, km/h 등이 있으며, kg과 g은 무게의 단위이다.

05 은정이의 속력은 90 m÷15 s=6 m/s이다.
   ① 80 m÷8 s=10 m/s,
   ② 60 m÷10 s=6 m/s,
   ③ 60 m÷12 s=5 m/s,
   ④ 90 m÷18 s=5 m/s,
   ⑤ 100 m÷20 s=5 m/s이다.

06 기계를 움직이게 하거나 생물이 살아가는 데에는 에너지가 필요하다.

07 빛에너지는 주위를 밝게 하고, 위치 에너지는 높은 곳에 있는 물체가 가지고 있다. 운동 에너지는 움직이는 물체가 가지고 있다.

08 폭포는 높은 곳의 물이 갖고 있는 위치 에너지가 운동 에너지로 전환되는 자연 현상 이다.

09 식물은 태양의 빛에너지를 이용해 화학 에너지를 얻는다.

10 롤러코스터는 높낮이가 달라짐에 따라 운동 에너지와 위치 에너지가 서로 전환된다. 낮은 곳에서 높은 곳으로 올라갈 때에는 운동 에너지가 위치 에너지로 전환되고, 높은 곳에서 낮은 곳으로 내려갈 때에는 위치 에너지가 운동 에너지로 전환된다.

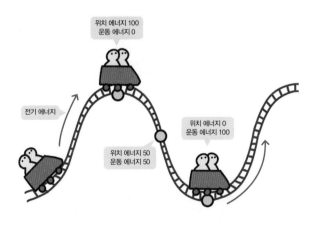

---

20 태양 빛과 프리즘   72~73쪽

도전! 초성용어 ❶ 빛   ❷ 프리즘

💻 확인해 봐요!

1 토끼

2

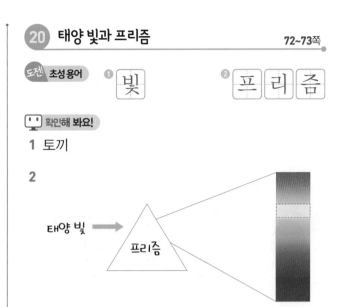

태양 빛 → 프리즘

---

21 빛의 굴절   74~75쪽

도전! 초성용어 ❶ 굴절   ❷ 속도

💻 확인해 봐요!

1 예 빛의 굴절 때문에 물고기가 실제보다 해수면 가까이에 있는 것처럼 보여. 그러니 물고기가 보이는 위치보다 더 아래쪽으로 가야 물고기를 잡을 수 있어.

2

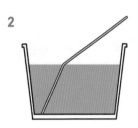

---

22 렌즈의 특징   76~77쪽

도전! 초성용어 ❶ 오목   ❷ 볼록

💻 확인해 봐요!

1

2

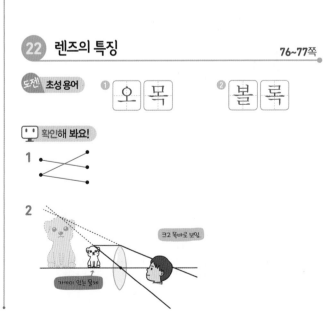

크고 똑바로 보임.

가까이 있는 물체

도전! 초성용어

① 직 진   ② 상

확인해 봐요!

1 (가) (나)

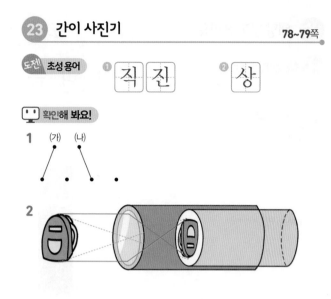

2

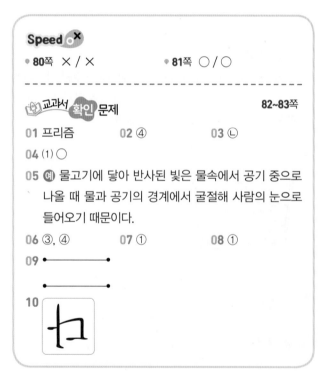

Speed ○ X

• 80쪽 X / X   • 81쪽 ○ / ○

교과서 확인 문제   82~83쪽

01 프리즘   02 ④   03 ㉡
04 (1) ○
05 예 물고기에 닿아 반사된 빛은 물속에서 공기 중으로
   나올 때 물과 공기의 경계에서 굴절해 사람의 눈으로
   들어오기 때문이다.
06 ③, ④   07 ①   08 ①
09 •————————•
   •————————•
10

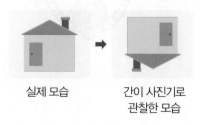

01 프리즘은 유리나 플라스틱 등으로 만든 투명한 삼
   각기둥 모양의 기구로, 햇빛이 프리즘을 통과하면
   하얀색 도화지에 여러 가지 빛깔로 나타난다.

02 빛은 공기 중에서 물로 비스듬히 나아갈 때 공기와
   물의 경계에서 꺾인다.

03 빛이 서로 다른 물질의 경계에서 꺾여 나아가는 현
   상을 빛의 굴절이라고 한다.

04 빛은 공기 중에서 물로 비스듬히 나아갈 때 공기와
   물의 경계에서 꺾여 나아간다.

05 공기와 물의 경계에서 빛이 굴절하면 굴절한 빛을
   보는 사람은 실제와 다른 위치에 있는 물체의 모습
   을 보게 된다.

06 볼록 렌즈는 렌즈의 가운데 부분이 가장자리보다
   두꺼운 렌즈이다.

07 빛을 통과시킬 수 있고, 가운데 부분이 가장자리보
   다 두꺼운 물체들이 볼록 렌즈의 역할을 할 수 있다.

 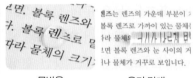

물이 담긴 둥근 어항   물방울   유리 막대

08 햇빛을 볼록 렌즈에 통과시키면 볼록 렌즈는 햇빛
   을 굴절시켜 한 곳으로 모을 수 있다. 볼록 렌즈로
   햇빛을 모은 곳은 밝기가 밝고 온도가 높다.

햇빛
볼록 렌즈

09 간이 사진기는 먼저 겉 상자를 만들어 겉 상자의
   구멍에 볼록 렌즈를 붙인 다음, 속 상자를 만들고
   한쪽 끝에 기름종이를 붙여 겉 상자에 속 상자를
   넣어 만든다.

10 간이 사진기로 물체를 관찰하면 상하좌우가 바뀌
   어 보인다.

실제 모습   →   간이 사진기로
               관찰한 모습

24 전구에 불을 켜는 방법
84~85쪽

도전! 초성용어 ① 전 선 ② 전 구

💻 확인해 봐요!

1
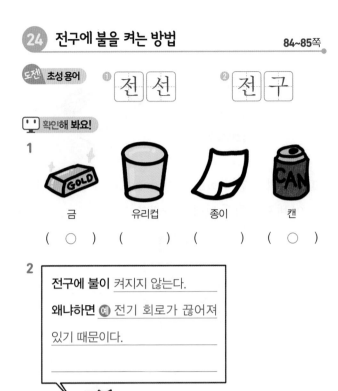

금	유리컵	종이	캔
(○)	( )	( )	(○)

2
전구에 불이 켜지지 않는다.

왜냐하면 예 전기 회로가 끊어져

있기 때문이다.

25 발광 다이오드(LED)
86~87쪽

도전! 초성용어 ① 발 광 ② 조 명

💻 확인해 봐요!

1

쌤 TALK

다른 조명에 비해 어둡지만 에너지 효율은 높아. 👍

게다가 다른 조명에 비해 가격이 싸고 열에도 강하지. 👍

환경 오염 물질을 방출하지 않아 친환경적이야. 👍

2 예 나는 일반 전구에 비해 더 밝고 고장이 덜 나. 또 다양한 색깔의 빛을 낼 수 있고 에너지 효율이 높단다. 그리고 환경 오염 물질을 방출하지 않아 친환경적이야.

26 직렬연결과 병렬연결
88~89쪽

도전! 초성용어 ① 직 렬 ② 병 렬

💻 확인해 봐요!

1 예 전기 회로에 전지를 직렬로 여러 개 연결해 보자.

2 병렬연결.

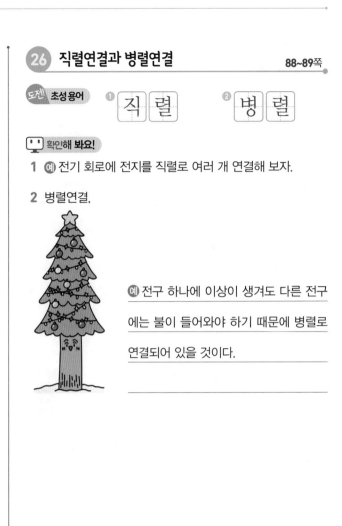

예 전구 하나에 이상이 생겨도 다른 전구에는 불이 들어와야 하기 때문에 병렬로 연결되어 있을 것이다.

27 전자석의 특징
90~91쪽

도전! 초성용어 ① 전 자 석 ② 영 구

💻 확인해 봐요!

1 예

2
전류가 흐를 때만 자석의 성질을 가져. ○

전류의 방향을 바꿔도 극의 방향을 바꿀 수는 없어.

세기를 조절할 수 있어. ○

나는 전자석이야.

Speed ⊙[×]

• 92쪽 ✕   • 93쪽 ○ / ✕

교과서 **확인**문제   94~95쪽

01 전기 회로   **02** ③   **03** (나)

04 예 전구에 연결된 전선이 모두 전지의 (−)극에만 연결
되어 있기 때문이다.

05 ⓒ   **06** (나)   **07** (3) ○

08 ⓒ   **09** (1) ○   **10** ⑤

01 전기 회로에서 전기 부품의 도체 부분에 전류가 흐르면 전구에 불이 켜진다.

02 전구는 빛을 내는 전기 부품으로, 전류가 흐르면 필라멘트에 빛이 난다.

03 전지, 전선, 전구가 끊어지지 않고 연결되어야 전구에 불이 켜진다.

04 전구는 전지의 (+)극과 (−)극에 각각 연결해야 불이 켜진다.

05 발광 다이오드의 긴 다리는 전지의 (+)극에 연결하고, 짧은 다리는 전지의 (−)극에 연결해야 불이 켜진다.

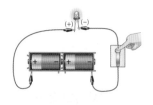

06 (가), (다), (라)는 전지가 병렬연결되어 있고, (나)는 전지가 직렬연결되어 있다.

07 (라)는 전지가 병렬연결되어 있고, 전지 한 개를 빼내고 스위치를 닫았을 때 전지, 전구, 전선이 끊어지지 않고 연결되어 있어 불이 켜진다.

08 ㉠은 전구가 직렬연결되어 있고, ㉡은 전구가 병렬연결되어 있다. 전구를 병렬로 연결할 때가 전구를 직렬로 연결할 때보다 전구의 밝기가 더 밝다.

09 둥근머리 볼트에 감은 에나멜선의 수가 많을수록 전자석의 세기가 세진다.

전자석

10 전자석은 전기 회로의 전선에 흐르는 전류의 방향이 바뀌면 극의 방향도 바뀐다.

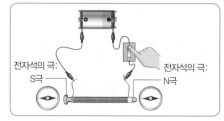

전자석의 극: 전자석의 극:
S극   N극

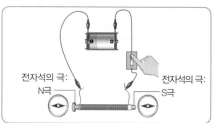

전자석의 극: 전자석의 극:
N극   S극

과학 **탐구** 토론   **전기 요금 누진제**   97쪽

생각 정리   ❶ 절약   ❷ 보호   ❸ 오래된

생각 쓰기   예 전기 요금 누진제를 통해 전기를 절약하고자 한다면, 전체 전기 사용량의 13% 밖에 차지하지 않는 가정용 전기에만 적용하지 말고 산업용 전기에도 적용해야 한다고 생각한다. 산업용으로 이용되는 전기와 마찬가지로 가정에서도 전기는 꼭 필요한 존재이기 때문에 전기 요금 누진제는 형평성에 어긋나는 제도임에 틀림없다.

생명

28 곰팡이와 버섯
100~101쪽

도전 초성용어

①  곰 팡 이 ② 균 류

💻 확인해 봐요!

1

2 예

포자

29 짚신벌레와 해캄
102~103쪽

도전 초성용어

① 원 생 ②  광 합 성

💻 확인해 봐요!

1 짚신, 해캄, 해캄

2 기준 예 광합성을 하는 것과 하지 않는 것

분류	
광합성을 하는 것	광합성을 하지 않는 것
유글레나, 반달말	아메바, 종벌레

30 세균의 특징
104~105쪽

도전 초성용어

① 세 균 ② 세 포

💻 확인해 봐요!

1
세균은 공, 막대, 나선 등으로 모양이 다양해. 👍

2 예
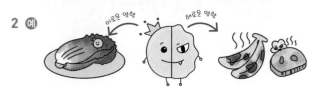
이로운 영향   해로운 영향

Speed O X
• 106쪽 X   • 107쪽 X / ○

📖교과서 확인 문제
108~109쪽

01 균류   02 ④   03 ㉢
04 예 따뜻하고 축축한 환경에서 잘 자란다.
05 원생생물   06 ⑤   07 ④
08 (3) X   09 (1) ㉣ (2) ㉡ (3) ㉢ (4) ㉠
10 ⑤

01 곰팡이, 버섯과 같이 스스로 양분을 만들지 못하고 주로 죽은 생물이나 다른 생물에서 양분을 얻는 생물을 균류라고 한다.

02 식물은 광합성을 통해 스스로 양분을 만들지만, 균류는 주로 죽은 생물이나 다른 생물에서 양분을 얻는다.

03 ㉠은 버섯에만 해당되는 특징이며, ㉡은 식물에만 해당되는 설명이다. 버섯과 식물은 살아가는 데 물과 공기 등이 필요하다는 공통점이 있다.

04 곰팡이는 주로 여름철에 많이 볼 수 있으며, 주로 죽은 생물이나 다른 생물에서 양분을 얻는다.

05 짚신벌레와 해캄은 원생생물이다.

06 짚신벌레와 해캄은 주로 논, 연못과 같이 물이 고인 곳이나 도랑, 하천과 같이 물살이 느린 곳에서 산다.

07 원생생물은 동물, 식물, 균류로 분류되지 않으며, 생김새가 단순한 생물이다. 공벌레는 동물이다.

08 세균의 크기가 매우 작아 맨눈으로 볼 수 없어 배율이 높은 현미경으로 관찰해야 한다.

09 세균의 생김새는 다양하며, 공 모양, 막대 모양, 나선 모양, 꼬리가 있는 모양 등이 있다.

10 세균이 살기에 알맞은 조건이 되면 짧은 시간 안에 많은 수로 늘어날 수 있다.

31 생태계

110~111쪽

도전! 초성용어 ① 생 물 ② 생 태 계

확인해 봐요!

1

(생물 요소) (비생물 요소) (생태계)

2

| 기준 | 예 양분을 얻는 방법 |

생산자　　소비자　　분해자

32 생물의 먹고 먹히는 관계

112~113쪽

도전! 초성용어 ① 소 비 자 ② 평 형

확인해 봐요!

1 진혁

2 예

사슴을 잡아먹던 늑대의 수가 줄어들면 사슴의 수가 늘어
나면서 풀이 점점 줄어들 것이다.

33 생물의 환경 적응

114~115쪽

도전! 초성용어 ① 서 식 지 ② 적 응

확인해 봐요!

1

1번 문제
철새들은 추운 겨
울에도 한 곳에서
계속 생활한다.

2번 문제
사막여우의 큰 귀
는 사막 환경에 적
응한 것이다.

3번 문제
겨울잠을 자는 동물
은 생활 방식을 바
꿔 적응한 것이다.

2 예

사막여우　　올빼미

공벌레　　다람쥐

34 환경 오염

116~117쪽

도전! 초성용어 ① 환 경 ② 오 염

확인해 봐요!

1

2 예

09 대벌레는 가늘고 길쭉한 생김새를 통해 나뭇가지
가 많은 환경에서 몸을 숨기기 유리하게 적응되었
다. ①, ②, ④는 생물의 생활 방식이나 행동이 환
경에 적응한 예이다.

10 가까운 거리는 걸어가거나 자전거, 대중교통을 이
용한다.

Speed ○ ✕
• 118쪽 ✕ / ✕   • 119쪽 ○ / ○

- -

교과서 확인 문제   **120~121쪽**

01 (1) ㄴ, ㄹ, ㅁ, ㅂ (2) ㄱ, ㄷ   02 ①

03 먹이 사슬

04 예 어느 한 종류의 먹이가 부족하더라도 다른 먹이를
먹고 살 수 있기 때문에 여러 생물들이 함께 살아가기
에 유리하다.

05 1차 소비자   06 ㄷ   07 ②

08 (1) ○ (3) ○   09 ③   10 ⑤

---

01 붕어, 곰팡이, 느티나무, 배추흰나비는 살아 있는
    것이므로 생물 요소이고, 물과 공기는 살아 있지
    않은 것이므로 비생물 요소이다.

02 배추, 느티나무, 부들은 햇빛 등을 이용하여 양분
    을 스스로 만드는 생산자이고, 참새는 다른 생물
    을 먹이로 하여 양분을 얻는 소비자이다.

03 메뚜기는 벼를 먹고, 개구리는 메뚜기를 먹고, 매
    는 개구리를 먹는 것과 같이 생물의 먹이 관계
    가 사슬처럼 연결되어 있는 것을 먹이 사슬이라고
    한다.

04 먹이 그물을 보면 생물의 먹고 먹히는 관계가 여러
    방향이기 때문에 어느 한 종류의 먹이가 부족해지
    더라도 다른 먹이를 먹고 살 수 있으므로 여러 생
    물이 함께 살아갈 수 있다.

05 생산자를 먹이로 하는 생물을 1차 소비자, 1차 소
    비자를 먹이로 하는 생물을 2차 소비자, 마지막 단
    계의 소비자를 최종 소비자라고 한다.

06 생태 피라미드를 보면 먹이 단계가 올라갈수록 생
    물들의 수가 줄어든다.

07 특정한 서식지에서 오랜 기간에 걸쳐 살아남기에
    유리한 특징이 자손에게 전달되는 것을 적응이라
    고 한다.

08 선인장의 굵은 줄기와 뾰족한 가시는 건조한 환경
    에 적응되었다.

---

35 식물 세포와 동물 세포   **122~123쪽**

도전! 초성 용어   ❶ 세 포   ❷ 세 포 벽

확인해 봐요!

1
세포벽
핵
세포막
식물 세포   동물 세포

2 예
, 식물 세포

36 뿌리와 줄기가 하는 일

도전 초성용어
① 흡수 ② 지지

확인해 봐요!

1

물을 흡수해요. 양분을 저장해요. 물을 증발시켜요.
( ) ( ) (×)

2 • 뿌리: 예 땅속으로 뻗어 물을 흡수하고 식물을 지지하는 거야. 고구마나 당근처럼 양분을 저장하기도 하지.

• 줄기: 예 뿌리에서 흡수한 물을 식물 전체로 이동시키고 식물을 지지하는 거야. 감자처럼 양분을 저장하기도 하지.

37 잎이 하는 일

도전 초성용어
① 광합성 ②  기공

확인해 봐요!

1

광합성은 식물이 빛과 이 산 화 탄 소 , 뿌리에서 흡수한 물 을/를 이용하여 스스로 양분을 만드는 거야.
다윤

2 예

38 꽃과 열매가 하는 일

도전 초성용어
① 수 분 ② 열 매

확인해 봐요!

1 • 암술: 예 꽃가루받이를 거쳐 씨를 만든다.
• 꽃잎: 예 암술과 수술을 보호한다.
• 수술: 예 꽃가루를 만든다.
• 꽃받침: 예 꽃잎을 보호한다.

2 • 사과나무: 예 동물이 열매를 먹으면 씨가 똥으로 나와 퍼진다.
• 민들레: 예 씨가 바람에 날려서 퍼진다.
• 도깨비바늘: 예 씨가 동물의 털이나 사람의 옷에 붙어서 퍼진다.

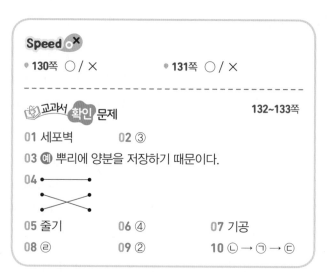
Speed OX
• 130쪽 ○ / × • 131쪽 ○ / ×

교과서 확인 문제 132~133쪽
01 세포벽 **02** ③
03 예 뿌리에 양분을 저장하기 때문이다.
04
05 줄기 **06** ④ **07** 기공
08 ㄹ **09** ② **10** ㄴ → ㄱ → ㄷ

01 식물 세포에는 세포벽이 있고, 동물 세포에는 세포벽이 없다.

02 광학 현미경으로 양파 표피 세포를 관찰하면 벽돌이 쌓여 있는 것처럼 보이고, 각 세포별로 모양이 다르다.

03 무, 고구마, 당근 등은 양분을 뿌리에 저장하는 식물이다.

04 느티나무는 곧은줄기, 나팔꽃은 감는줄기, 고구마는 기는줄기이다.

05 감자, 토란, 연꽃, 마늘 등은 땅속으로 이어진 줄기 부분에 양분을 저장한다.

06 식물이 빛과 이산화 탄소, 물을 이용하여 스스로 양분을 만드는 것을 광합성이라고 한다.

07 기공은 잎의 겉에 있는 작은 구멍으로, 주로 잎의 뒷면에 많이 있다. 기공을 통해 물이 수증기 형태로 빠져나가는 증산 작용이 일어난다.

08 ㉠은 꽃잎으로 암술과 수술을 보호하고, 곤충을 유인하여 꽃가루받이가 잘 이루어지도록 하기도 한다. ㉡은 암술로 꽃가루받이를 거쳐 씨를 만들고, ㉢은 수술로 꽃가루를 만든다.

09 검정말은 물에 의해 꽃가루받이가 일어난다.

10 꽃가루받이가 된 암술 속에서 씨가 생겨 자라고, 씨가 생겨 자라는 동안 씨를 싸고 있는 암술이나 꽃받침 등이 함께 자라서 열매가 된다.

39 뼈와 근육　　　134~135쪽

도전! 초성용어　❶ 뼈　❷ 근육

💻 확인해 봐요!

1

2 예
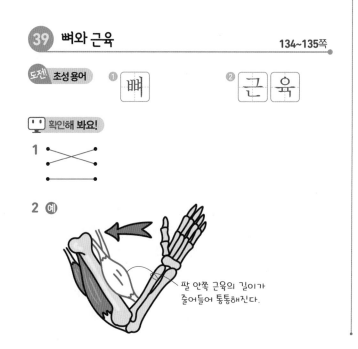
팔 안쪽 근육의 길이가 줄어들어 통통해진다.

40 소화 기관　　　136~137쪽

도전! 초성용어　❶ 소화　❷ 배출

💻 확인해 봐요!

1

 입	작은창자	큰창자
1	4	5
식도	항문	위
2	6	3

2
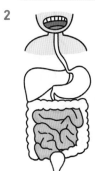
예 음식물 속에 있는 영양분을 흡수하지 못하므로 더 이상 살아가기 힘들 것이다.

41 순환 기관　　　138~139쪽

도전! 초성용어　❶ 혈액　❷ 혈관

💻 확인해 봐요!

1 혈관, 펌프, 빠르게

2  예 혈액이 혈관을 통해 우리 몸에 필요한 산소와 영양분을 공급할 수 있도록 펌프 작용을 해. 잠을 자고 있을 때에도 쉬지 않고 펌프질을 하지.

42 호흡 기관과 배설 기관　140~141쪽

도전! 초성용어
① 호흡
② 배설

확인해 봐요!

1 코 → 기관 → 기관지 → 폐

2
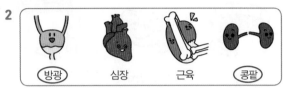
방광　심장　근육　콩팥

예 배설 기관은 노폐물을 오줌 등의 형태로 몸 밖으로 내보내는 일을 한다.

43 자극과 반응　142~143쪽

도전! 초성용어
① 자극
② 반응

확인해 봐요!

1
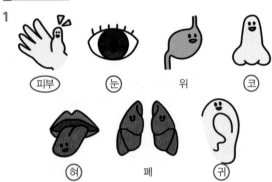
피부　눈　위　코
혀　폐　귀

2 (감각 기관은) 예 입안의 혀로 우유가 상한 것을 느낌. /
(뇌를 포함한 중추 신경계는) 예 입안의 상한 우유를 뱉어 내도록 명령함.

Speed O×
• 144쪽 ○ / × / ○
• 145쪽 × / ○

교과서 확인 문제　146~147쪽

01 ③　　02 ㉠ 줄어들면, ㉡ 늘어나면

03
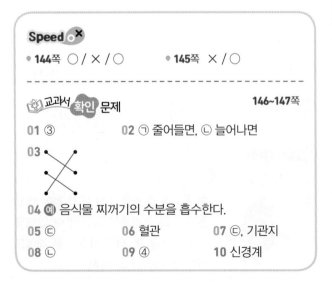

04 예 음식물 찌꺼기의 수분을 흡수한다.

05 ㉢　　06 혈관　　07 ㉢, 기관지
08 ㉡　　09 ④　　10 신경계

---

01 우리 몸을 구성하는 뼈는 종류와 생김새가 다양하며 움직임도 서로 다르다.

02 뼈는 스스로 움직이는 것이 아니라 연결된 근육의 길이가 늘어나거나 줄어들면서 움직인다.

03 우리 몸속에 들어간 음식물은 입, 식도, 위, 작은창자, 큰창자의 순서로 이동하면서 소화된다.

04 큰창자는 음식물 찌꺼기의 수분을 흡수한다.

05 심장의 펌프 작용으로 온몸으로 보내진 혈액이 온몸을 거쳐 다시 심장으로 돌아오는 과정을 순환이라고 한다.

06 혈관은 가늘고 긴 관처럼 생겼고 몸 전체에 퍼져 있다. 혈액이 이동하는 통로 역할을 한다.

07 ㉠은 코, ㉡은 기관, ㉢은 기관지, ㉣은 폐이다.

08 숨을 들이마실 때 코로 들어온 공기는 기관, 기관지, 폐를 거쳐 우리 몸에 필요한 산소를 제공한다.

09 ㉠은 콩팥이다. 강낭콩 모양으로 등허리 쪽에 두 개가 있다. 혈액에 있는 노폐물을 걸러 내는 역할을 한다.

10 감각 기관이 받아들인 자극은 온몸에 퍼져 있는 신경계를 통해 전달되고, 신경계는 전달된 자극을 해석하여 행동을 결정하고, 운동 기관에 명령을 내린다.

과학 탐구 토론　생태계 교란 생물 관리　149쪽

생각 정리 ① 생태계　② 다양한　③ 돈　④ 교란

생각 쓰기 예 생태계 교란 생물 관리를 반대한다. 생태계 교란 생물은 번식력이 강해서 모두 퇴치하려면 지속적으로 많은 돈이 든다. 이는 자원의 낭비가 될 수 있다. 또 생태계 교란 생물 중 일부는 우리에게 필요한 좋은 방향으로 활용할 수 있다. 생태계 교란 생물 중에는 충치 치료나 애완동물의 영양제 등으로 사용할 수 있는 생물들이 있다. 생태계 교란 생물을 무조건 퇴치하는 것이 아니라 필요한 부분에 알맞게 활용하는 방법을 생각해 봐야 한다.

지구와 우주

44 태양의 구조와 역할
152~153쪽

도전! 초성용어

① 태양

② 지구

확인해 봐요!

1 호랑이

2
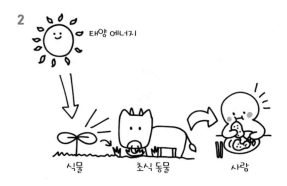
식물   초식 동물   사람

45 태양계에 속해 있는 행성
154~155쪽

도전! 초성용어

①  태양계

② 행성

확인해 봐요!

1 화성

2
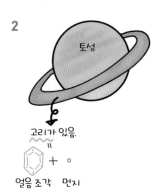
고리가 있음.
얼음 조각   먼지

46 밤하늘의 별과 별자리
156~157쪽

도전! 초성용어

① 별

② 북극성

확인해 봐요!

1 윤지

2
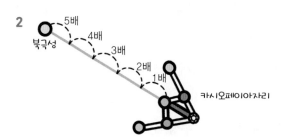

Speed ○✕

• 158쪽 ✕   • 159쪽 ○ / ✕

교과서 확인 문제
160~161쪽

01 태양   02 (1) ○ (3) ○   03 ④

04 ①   05 ㉠, ㉣

06 (1) 지구 (2) 천왕성   07 ③

08 ①   09 (2) ○

10 예 북두칠성의 ㉠과 ㉡을 연결하고, 그 거리의 다섯 배
　만큼 떨어진 곳에 있는 별이 북극성이다.

---

01 태양은 생물이 자라는 데 알맞은 온도를 유지시켜
　주고, 태양의 에너지를 이용하면 전기를 만들 수
　있다.

02 우리가 살아가는 데 필요한 대부분의 에너지는 태
　양에서 얻으며, 태양이 없으면 지구의 생물이 살
　기 어렵다.

03 태양계는 태양과 행성, 위성, 소행성, 혜성 등으로 구성되어 있다. 블랙홀은 태양계의 구성원이 아니다.

04 ② 화성은 붉은색을 띠고 있다. ③ 수성은 표면에 땅이 있다. ④ 목성은 태양계 행성들 중 가장 크다. ⑤ 태양계에서 유일하게 스스로 빛을 내는 천체는 태양이다.

05 태양계 행성 중에서 가장 작은 것은 수성이고, 가장 큰 것은 목성이다.

06 태양계 행성에는 수성, 금성, 지구, 화성, 목성, 토성, 천왕성, 해왕성이 있다. 푸른색을 띠며 생물이 살고 있는 행성은 지구, 앞 ㉠~㉺이 아닌 행성 중 청록색을 띠는 행성은 천왕성이다.

07 태양으로부터 수성, 금성, 지구, 화성이 순서대로 멀리 떨어져 있으며, 그 바깥의 먼 거리에는 목성, 토성, 천왕성, 해왕성이 순서대로 있다.

08 별은 태양과 같이 스스로 빛을 내는 천체이다.

09 북쪽 밤하늘에서 볼 수 있으며, 별자리를 이용해 북극성을 찾을 수 있는 것은 ⑵ 카시오페이아자리이다. 카시오페이아자리는 위치에 따라 엠(M)자나 더블유(W)자 모양이다.

10 북두칠성을 이용하여 북극성을 찾을 때에는 국자 모양 끝부분에서 ㉠과 ㉡을 찾아 연결하고, 그 거리의 다섯 배만큼 떨어진 곳에 있는 별이 북극성이다.

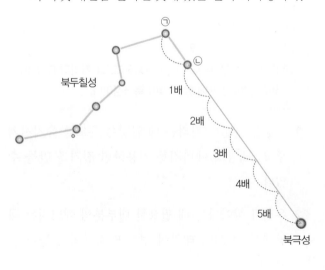

47 구름, 비, 눈　　162~163쪽

도전! 초성용어　❶ 구 름　❷ 기 온

확인해 봐요!

1
구름은 수증기가 응결하여 작은 물방울들이 뭉쳐서 하늘에 떠 있는 것을 말해. (○)

구름 속 물방울 또는 얼음 알갱이가 녹아서 물방울로 떨어지는 것을 비라고 해. (○)

눈은 기체인 수증기가 액체인 물로 상태가 변하는 현상이야. (　)

2
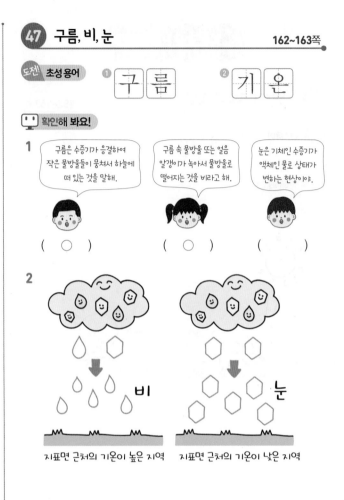

지표면 근처의 기온이 높은 지역　　지표면 근처의 기온이 낮은 지역

48 저기압과 고기압　　164~165쪽

도전! 초성용어　❶ 저 기 압　❷ 고 기 압

확인해 봐요!

1 무거워, 고기압, 위로

2
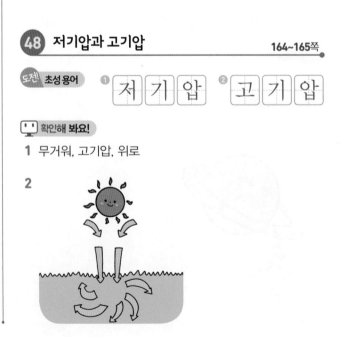

49 열돔 현상

166~167쪽

도전! 초성 용어

❶ 폭 염   ❷ 열 돔

💻 확인해 봐요!

1

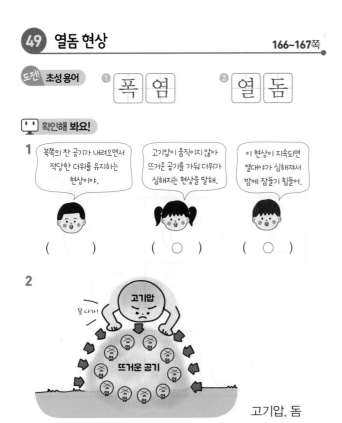

북쪽의 찬 공기가 내려오면서 적당한 더위를 유지하는 현상이야.
( )

고기압이 움직이지 않아 뜨거운 공기를 가둬 더위가 심해지는 현상을 말해.
(○)

이 현상이 지속되면 열대야가 심해져서 밤에 잠들기 힘들어.
(○)

2

고기압, 돔

Speed O X

• 168쪽 X   • 169쪽 ○ / ○

- -

📖 교과서 확인 문제   170~171쪽

01 ㉡   02 구름   03 ②

04 예 수증기가 응결해서 나타나는 현상이다.

05 ㉠ 고기압 ㉡ 저기압   06 ㉠

07

고 → 저

08 ㉠ 건조 ㉡ 습   09 민석

10 ㉢

---

01 페트병 안에 공기를 넣은 뒤 공기 주입 마개의 뚜껑을 열면 페트병 안의 온도가 낮아지면서 수증기가 응결하여, 물방울로 변하는 현상이 나타나기 때문에 페트병 안이 뿌옇게 흐려진다.

02 이 실험은 자연 현상 중에서 구름이 만들어지는 현상과 비슷하다.

03 구름 속 얼음 알갱이의 크기가 커지면서 무거워져 떨어질 때 녹지 않은 채로 떨어지는 것을 눈이라고 한다.

04 이슬, 안개, 구름은 모두 수증기가 응결해서 나타나는 현상이다.

> 응결: 기체인 수증기가 액체인 물로 변하는 현상

05 상대적으로 공기가 무거운 것을 고기압, 공기가 가벼운 것을 저기압이라고 한다.

06 어느 두 지점 사이에 기압 차가 생기면 공기는 고기압에서 저기압으로 이동한다.

07 우리나라의 서쪽에 고기압이 있고, 동쪽에 저기압이 있기 때문에 바람이 서쪽에서 동쪽으로 불 것이다.

08 대륙이나 바다와 같이 넓은 곳을 덮고 있는 공기 덩어리가 한 지역에 오랫동안 머물게 되면 공기 덩어리는 그 지역의 온도나 습도와 비슷한 성질을 갖게 된다.

09 북서쪽 대륙에서 이동해 오는 공기 덩어리는 차갑고 건조한 성질을 가지며 우리나라의 겨울철 날씨에 영향을 미친다.

10 ㉠은 겨울에 북서쪽 대륙에서 이동해 오는 차갑고 건조한 공기 덩어리이고, ㉡은 초여름에 영향을 주는 공기 덩어리이다. ㉢은 봄과 가을에 남서쪽 대륙에서 이동해 오는 따뜻하고 건조한 공기 덩어리이고, ㉣은 여름에 남동쪽 바다에서 이동해 오는 덥고 습한 공기 덩어리이다.

50 스스로 회전하는 지구

172~173쪽

도전! 초성 용어 ❶ 회 전 ❷ 자 전

📺 확인해 봐요!

1

2
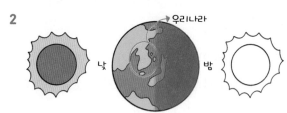

우리나라
낮   밤

51 태양 둘레를 도는 지구

174~175쪽

도전! 초성 용어 ❶ 둘 레 ❷ 공 전

📺 확인해 봐요!

1
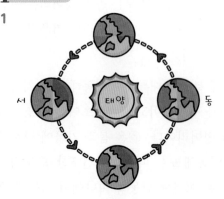
서   태양   동

2 ㉢

52 달의 모양 변화

176~177쪽

도전! 초성 용어 ❶ 상 현 달 ❷ 음 력

📺 확인해 봐요!

1 하현달

2
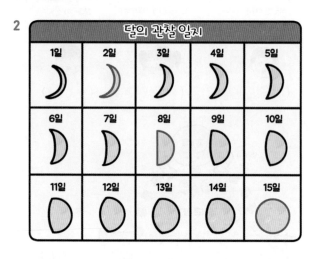

달의 관찰 일지

1일	2일	3일	4일	5일
6일	7일	8일	9일	10일
11일	12일	13일	14일	15일

Speed O X

● 178쪽 ○   ● 179쪽 X / ○

- -

📖 교과서 확인 문제   180~181쪽

01 ㉠

02 예 지구가 서쪽에서 동쪽(시계 반대 방향)으로 자전하기 때문이다.

03 태양   **04** ⑤   **05** ㉠ 낮 ㉡ 밤

06 ③   **07** ④

08 ㉡   **09** (대), 하현달

10

01 지구는 자전축을 중심으로 하루에 한 바퀴씩 서쪽에서 동쪽(시계 반대 방향)으로 자전한다.

02 지구가 서쪽에서 동쪽으로 자전하기 때문에 하루 동안 달의 위치가 동쪽에서 남쪽을 지나 서쪽으로 움직이는 것처럼 보인다.

03 전등은 지구를 비추는 태양, 지구의는 지구, 관측자 모형은 지구에 있는 사람을 나타낸다.

04 ㈎는 관측자 모형이 빛을 받는 위치에 있으므로 우리나라가 낮일 때를 나타낸다. ㈏는 관측자 모형이 빛을 받지 못하는 위치에 있으므로 우리나라가 밤일 때를 나타낸다.

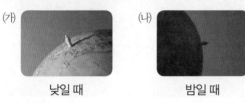

㈎ 낮일 때   ㈏ 밤일 때

05 지구가 자전하면서 태양 빛을 받는 쪽과 받지 못하는 쪽이 생기기 때문에 지구에 낮과 밤이 생긴다. 태양 빛을 받는 쪽은 낮이고, 받지 못하는 쪽은 밤이다.

06 낮과 밤이 달라지는 것은 지구가 자전축을 중심으로 하루에 한 바퀴씩 자전하기 때문이다.

07 ①은 가을철, ②는 겨울철, ③은 봄철, ④는 여름철의 대표적인 별자리를 나타낸 것이다.

08 지구가 태양 주위를 공전하기 때문에 계절에 따라 지구의 위치가 달라지고, 지구의 위치에 따라 밤에 보이는 별자리가 달라진다.

09 ㈎는 음력 15일 무렵에 볼 수 있는 보름달, ㈏는 음력 2~3일 무렵에 볼 수 있는 초승달, ㈐는 음력 22~23일 무렵에 볼 수 있는 하현달이다.

10 ㈏는 음력 2~3일 무렵에 볼 수 있는 초승달이다. 약 5일 후인 음력 7~8일 무렵에는 상현달을 볼 수 있다.

---

53 달라지는 태양의 높이 182~183쪽

도전! 초성 용어 ❶ 고도 ❷ 수직

💻 확인해 봐요!

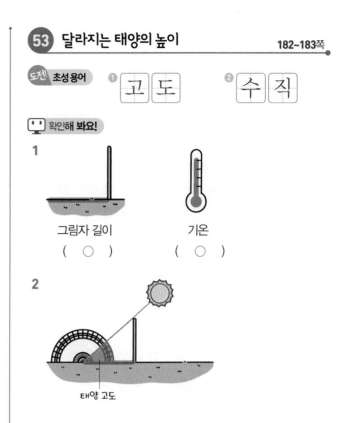

1
그림자 길이 (○)   기온 (○)

2
태양 고도

---

54 계절이 바뀌는 까닭 184~185쪽

도전! 초성 용어 ❶ 계절 ❷ 자전축

💻 확인해 봐요!

1

2 여름: ㉠ / 겨울: ㉢

Speed ⭕❌

• **186쪽** ✕   • **187쪽** ⭕

- -

🌸교과서 **확인** 문제   **188~189쪽**

01 ②   **02** ④

03 ㉠ 기온 ㉡ 그림자 길이   **04** ②

05 예 태양 고도가 높아질수록 지표면은 더 많이 데워지
는데, 지표면이 데워져 공기의 온도가 높아지는 데에는
시간이 걸리기 때문이다.

06 태양 고도   **07** <

08 ㉠ 높아 ㉡ 높아진다

09 •———————•

          •———————•   **10** ㉡, ㉣

01 태양이 지표면과 이루는 각을 태양 고도라고 한다.

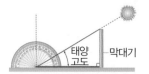

02 태양이 정남쪽에 왔을 때의 고도를 태양의 남중 고
도라고 하며, 이때 그림자는 정북쪽을 향하고 그
림자 길이가 하루 중 가장 짧다.

03 ㉠은 하루 동안 기온의 변화를 나타낸 그래프이
고, ㉡은 하루 동안 그림자 길이의 변화를 나타낸
그래프이다.

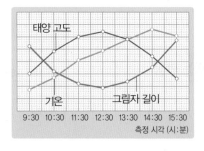

04 태양의 고도가 높아지면 그림자 길이는 짧아지고,
기온이 높아진다. 그림자의 길이는 태양 고도가
가장 높은 낮 12시 30분 무렵에 가장 짧다.

05 하루 동안 기온이 가장 높게 나타나는 시각은 태양
이 남중한 시각보다 약 두 시간 정도 뒤이다.

06 실험에서 전등은 태양, 모래는 지표면, 전등과 모
래가 이루는 각은 태양 고도를 나타낸다.

07 전등과 모래가 이루는 각이 클 때 모래의 온도가
더 높아진다.

08 겨울에는 태양의 남중 고도가 낮아서 일정한 면적
의 지표면에 도달하는 태양 에너지의 양이 적어지
므로 지표면이 더 적게 데워져 기온이 낮아진다.

09 지구가 ㈎ 위치에 있을 때의 북반구는 태양의 남중
고도가 가장 높은 여름에 해당하고, 지구가 ㈏ 위
치에 있을 때의 북반구는 태양의 남중 고도가 가장
낮은 겨울에 해당한다.

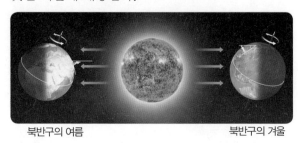

북반구의 여름   북반구의 겨울

10 지구의 자전축이 수직인 채로 지구가 태양 주위를
공전하면 태양의 남중 고도가 변하지 않기 때문에
계절이 변하지 않는다.

과학 탐구 **토론**   **우주 공간의 소유권**   **191쪽**

🧑 생각정리 ❶ 우주 ❷ 소유권 ❸ 자원 ❹ 협약

💡 생각쓰기 예 우주는 모든 사람들을 위한 공간이다. 우주
공간에 소유권이 생긴다면 일부의 사람들만 우주를 탐험
하고 연구할 수 있게 된다. 그러면 우주 개발이 지금처럼
활발하게 일어나지 못할 것이고 무한한 우주의 비밀을 밝
히는 데에 더욱 오랜 시간이 걸릴 것이다. 지금처럼 여러
나라가 힘을 합쳐서 우주를 연구하는 것이 바람직하다고
생각한다.

초능력 비주얼씽킹 초등 한국사

비주얼씽킹이란? 자신의 생각을 글과 이미지를 통해 체계화하여
기억력과 이해력을 키우는 시각적 사고 방법입니다.
비주얼씽킹 초등 한국사로 그림으로 생각하고 정리하는 힘을 키워 주세요.

초능력 비주얼씽킹 과학

정답과
풀이

초능력 비주얼씽킹 과학